글 / 윤상석

성균관대학교 생명과학과를 졸업하고 출판사에서 편집자로 일했습니다. 어렵고 딱딱한 과학을 어린이 독자들이 알기 쉽게 쓰고 그리는 작가로 활동 중입니다.
주요 작품으로 〈Who〉, 〈와이즈만 첨단 과학〉, 〈Why〉 시리즈, 《과학 쫌 알면 세상이 더 재밌어》, 《남극과 북극에도 식물이 있을까》, 《만화 통세계사》, 《최태성의 한능검 한국사》 등이 있으며, 사이언스타임즈의 객원 기자로 '만화로 푸는 과학 궁금증'을 연재했습니다

그림 / 박정섭

다양한 경험을 쌓다가 뒤늦게 그림 공부를 시작했습니다. 어릴 적에는 산만하다는 소리를 많이 들었습니다. 그래서 그런 줄 알고 살아왔지요. 하지만 시간이 흘러 뒤돌아보니 상상력의 크기가 산만 하단 걸 깨닫게 되었습니다. 이젠 그 상상력을 주위 사람들과 즐겁게 나누며 살고 싶습니다. 지금은 강원도 동해에서 지내고 있습니다.
그린 책으로 《검은 강아지》, 《그림책 쿠킹박스》, 《도둑을 잡아라》, 《놀자》, 《감기 걸린 물고기》, 《짝꿍》, 《싫어요 싫어요》, 《미래가 온다, 미래 식량》, 《숭민이의 일기(전10권)》 등이 있고, 쓰고 그린 시집으로 《똥시집》이 있습니다.

감수 / 이상원

성균관대학교 생명과학과에서 박사 학위를 받았습니다. 미국 조지타운 대학교 메디컬스쿨과 서울대학교 약학대학에서 초빙 연구원, 초중등지속가능발전교육 교원양성사업단 단장 등을 역임했습니다.
현재 서울교육대학교 생활과학 교육학과 교수로 재직 중입니다. 초등학교 검정 교과서인 과학, 실과 및 중등 인정 교과서인 환경 과목에 대표 저자로 참여했으며, 어린이 과학 도서 몇 종에 감수자로 참여했습니다.

초판 1쇄 발행 2025년 3월 6일

글 윤상석 / 그림 박정섭 / 감수 이상원
펴낸이 홍석 / 이사 홍성우 / 편집부장 이정은 / 편집 조유진·노한나 / 기획·외주편집 임형진
디자인 권영은·김영주 / 외주디자인 권석연 / 마케팅 이송희·김민경 / 제작 홍보람 / 관리 최우리·정원경·조영행
펴낸곳 도서출판 풀빛 / 등록 1979년 3월 6일 제2021-000055호
제조국 대한민국 / 사용연령 8세 이상
주소 서울특별시 강서구 양천로 583 우림블루나인 A동 21층 2110호
전화 02-363-5995(영업) 02-362-8900(편집) / 팩스 070-4275-0445
전자우편 kids@pulbit.co.kr / 홈페이지 www.pulbit.co.kr
블로그 blog.naver.com/pulbitbooks / 인스타그램 instagram.com/pulbitkids

ⓒ 윤상석 박정섭 임형진, 2025
ISBN 979-11-6172-671-7 74500 979-11-6172-665-6 74080 (세트)

책값은 뒤표지에 표시되어 있습니다.
파본이나 잘못된 책은 구입하신 곳에서 바꿔드립니다.
종이에 베이거나 긁히지 않도록 조심하세요. 책 모서리가 날카로우니 던지거나 떨어뜨리지 마세요.

한 컷마다 역사가 바뀐다

한 컷 속
발명·발견사

쿵쿵쿵쿵...
이것으로 악취가 올라오는 것을 막았지!
대단해 알렉산더 커밍!

윤상석 글 × 박정섭 그림 × 이상원 감수

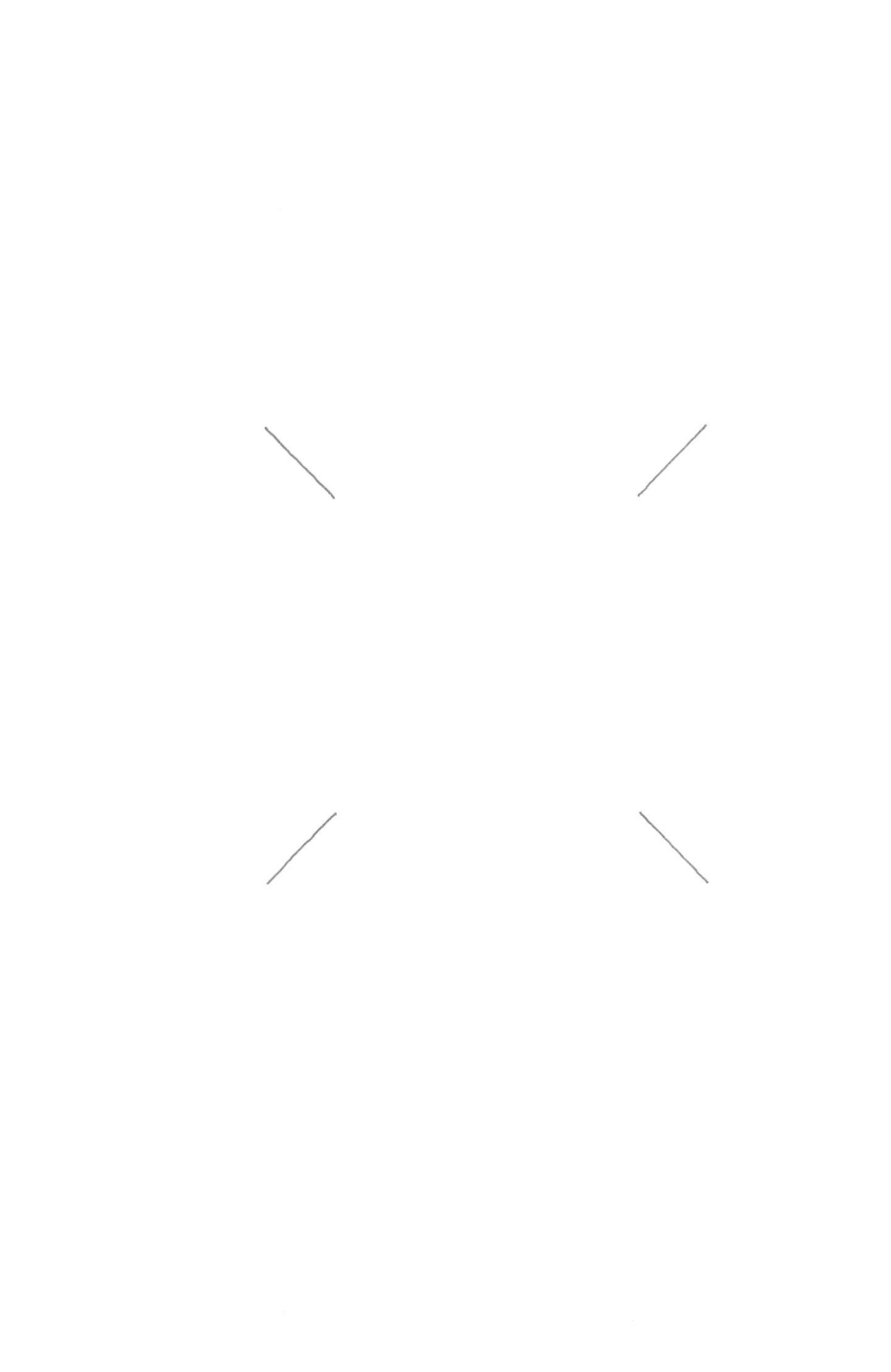

프롤로그

'냉장고가 없었다면, 어떻게 살았을까?'
'컴퓨터가 없었다면, 세상은 어떤 모습일까?'

만약 냉장고가 없었다면, 우리는 신선한 음식을 먹기 힘들고 가끔 상한 음식을 먹어서 배탈이 나곤 했을 거야. 컴퓨터가 없었다면, 게임도 할 수 없고 인터넷도 할 수 없는 정말 심심하고 재미없는 세상에 살았을 거야.

==이렇게 발명 또는 발견이 되지 않아 이 세상에 없었다면, 정말 불편하고 아쉬운 것들이 너무 너무 많아.== 사실 상상도 되지 않을 정도야. 그래서 그것들을 이루어 낸 사람들에게 고마움과 존경심 그리고 그 과정에 대한 궁금증을 갖게 되지.

이 책에서는 인류 역사 속 수많은 발명과 발견 중에서 어린이들이 꼭 알아야 할 중요한 사건 60가지를 골라냈어. 60가지 사건을 살펴보면, 위대한 발명과 발견이 이끈 세계사의 중요한 변화를 알게 되고, 그만큼 폭넓고 깊이 있게 이해할 수 있지. ==또 중요한 발명과 발견을 이루어 낸 위대한 인물들의 놀라운 창의력과 용기 그리고 굳은 의지를 배울 수 있어.== 세상을 다른 눈으로 보게 될 거야. 이 모든 것이 내 주변에 있는 것들을 보다 좋고 편리하게 바꾸려는 상상에서부터 시작하거든.

차례

- 01 (불) **불의 가치를 발견하다** 010
- 02 (옷) **인류를 동물과 구별시켜 주는 특징, 옷** 012
- 03 (토기) **인류의 식생활을 변화시킨 놀라운 발명품** 014
- 04 (금속) **새로운 물질, 금속을 발견하다** 016
- 05 (바퀴) **토기를 만드는 돌림판에서 탄생한 바퀴** 018
- 06 (유리) **식사 준비를 하다가 발명한 유리** 020
- 07 (돛) **기적이라고 칭송을 받는 돛** 022
- 08 (식초) **상한 술에서 발견한 식초** 024
- 09 (빙수와 아이스크림) **얼음 저장 기술과 함께 시작된 빙수와 아이스크림** 026
- 10 (비누) **기름과 재가 만나 탄생한 비누** 028
- 11 (종이) **누가 종이를 발명했을까?** 030
- 12 (시계) **시간을 측정하는 방법을 발명하다** 032
- 13 (나침반) **방향을 알아내는 장치를 발명하다** 034
- 14 (화약) **처음에는 약재로 발명되었던 화약** 036
- 15 (활판 인쇄술) **지식과 정보를 널리 퍼뜨린 위대한 발명** 038

| 16 | 안경 | **인쇄술 덕분에 찾는 사람이 많아진 발명품** 040

| 17 | 온도계 | **길거리 마술 덕분에 발명된 온도계** 042

| 18 | 망원경 | **아이들의 장난에서 비롯된 발명** 044

| 19 | 현미경 | **생물학 발전에 크게 기여한 발명** 046

| 20 | 총 | **인류 최악의 발명품이자 최고의 발명품** 048

| 21 | 피뢰침 | **목숨을 내건 위험한 실험 끝에 발명한 피뢰침** 050

| 22 | 열기구 | **처음으로 하늘 높이 날아오르다** 052

| 23 | 증기 기관 | **작은 변화가 세상을 바꾸다** 054

| 24 | 수세식 | **화장실의 더러움을 씻어 낸 발명** 056

| 25 | 통조림 | **나폴레옹의 전쟁 승리에 큰 도움을 준 발명품** 058

| 26 | 탄산음료 | **치료용으로 발명되었던 탄산음료** 060

| 27 | 전지 | **전기가 흐르는 장치를 발명하다** 062

| 28 | 청진기 | **민망함 때문에 발명된 의사의 진찰 도구** 064

| 29 | 사진과 카메라 | **태양 광선이 그리는 그림을 발명하다** 066

| 30 | 자전거 | **많은 발명가의 손을 거쳐 탄생한 자전거** 068

| 31 | 마취제 | **웃음 가스에서 시작된 마취제의 발견** 070
| 32 | 엘리베이터 | **절대 추락하지 않는 안전한 엘리베이터를 발명하다** 072
| 33 | 전화기 | **1시간 차이로 발명의 영광을 차지하다** 074
| 34 | 청바지 | **천막용 천에서 탄생한 세계 최고의 패션** 076
| 35 | 내연 기관 | **증기 기관보다 열효율이 훨씬 좋은 엔진을 발명하다** 078
| 36 | 자동차 | **세계 최초로 자동차를 발명한 벤츠** 080
| 37 | 백신 | **엉뚱한 호기심이 전염병에서 인류를 구원하다** 082
| 38 | 냉장고 | **세계 최초로 인공 얼음을 만들다** 084
| 39 | 플라스틱 | **플라스틱으로 만든 최초의 물건, 당구공** 086
| 40 | 축음기 | **전화 수화기의 진동판에서 시작된 축음기의 발명** 088
| 41 | 전구 | **1,000번이 넘는 실험 끝에 만든 전구** 090
| 42 | 식기세척기 | **값비싼 도자기 그릇을 지키려 발명한 식기세척기** 092
| 43 | 영화 | **재봉틀에서 아이디어를 얻어 영화를 발명하다** 094
| 44 | 진공청소기 | **먼지를 빨아들이는 기계를 발명하다** 096
| 45 | 지퍼 | **뚱뚱한 몸 때문에 발명된 지퍼** 098

| 46 | 무선 통신 | **전파를 이용한 첫 번째 발명** 100

| 47 | 라디오 | **전파로 소리를 전달하다** 102

| 48 | 비행기 | **동력 기관을 달고 스스로 날아오르다** 104

| 49 | 텔레비전 | **전파로 영상을 전달하다** 106

| 50 | 항생제 | **우연한 실수로 발견한 최초의 항생제** 108

| 51 | 나일론 | **실험 중에 우연히 발명한 합성 섬유** 110

| 52 | 레이더 | **전파로 비행기를 찾아내다** 112

| 53 | DDT | **해충을 획기적으로 없애는 물질의 발명** 114

| 54 | 헬리콥터 | **땅에서 수직으로 떠오르다** 116

| 55 | 컴퓨터 | **전쟁이 낳은 발명품, 컴퓨터** 118

| 56 | 원자탄 | **세상의 파괴자를 발명하다** 120

| 57 | 전자레인지 | **레이더를 만들려다 조리 기구를 발명하다** 122

| 58 | 신용 카드 | **당황했던 경험 덕분에 발명한 신용 카드** 124

| 59 | 바코드 | **모래 위에 그은 선 덕분에 발명한 바코드** 126

| 60 | 인터넷 | **세상을 하나로 연결하는 방법을 발명하다** 128

불의 가치를 발견하다

17만 년 전, 오랫동안 비가 내리지 않아 가문 날이었어. 구름 낀 하늘에서 번쩍 빛줄기가 땅으로 내리꽂혔지. 번개가 친 거야. 번개를 맞은 나무가 불타기 시작했고 불은 메마른 숲으로 옮겨붙었지. 숲은 삽시간에 불바다가 되었고, 숲 근처에 있던 사람과 동물들은 두려움에 떨며 도망쳤어. 호모 에렉투스라고 불리던 이때 사람들은 동굴로 몸을 피하고 불길이 지나가기만을 기다렸지. 얼마 후, 불은 숲을 다 태우고 지나갔어. 숲은 열기가 남아 따뜻했고 타 죽은 동물들이 여기저기 흩어져 있었지. 배가 고팠던 사람들은 그 동물을 맛보았어. 불에 익은 고기는 그냥 먹었을 때보다 훨씬 맛있고 부드러웠지. 호기심 많은 사람 한 명이 불씨가 아직 남아 있는 나무토막을 집어 들었어. 이때 바람이 휙 불더니 나무토막에서 불꽃이 되살아났지. 그 사람은 그 불꽃을 꺼뜨리지 않고 동굴로 가져와서 마른 나무토막에 불을 피웠어. 그러자 동굴 안이 따뜻해지고 어둠이 밝혀졌지. 맹수들도 동굴로 접근하지 못했어. 또 그 모닥불에 고기를 구워 먹을 수도 있었지.

드디어 인류는 불의 가치를 발견한 거야. 구석기 시대 사람들은 불씨를 꺼뜨리지 않기 위해 노력했어. 하지만 여간 불편한 게 아니었지. 그러던 중에 마른 나뭇가지의 마찰을 이용해 불꽃을 일으키는 방법을 알아냈어. 이제 필요할 때마다 불을 만드는 방법도 발견한 거야.

인류를 동물과
구별시켜 주는 특징, 옷

구석기 시대에 날씨가 매우 추웠던 시절이 있었어. 사람들은 맨몸으로 추위를 견딜 수 없었지. 그래서 사냥한 동물의 가죽을 벗겨 몸에 둘렀어. 인류가 처음으로 옷을 발명한 거야. 옷을 입자 인류는 겉보기에 다른 동물들과 구별할 수 있는 특징을 갖게 되었어. 그래서 옷의 발명은 인류에게 아주 중요한 사건이야. 일부 학자들은 인류가 처음으로 옷을 입기 시작한 시기가 불을 발견했을 때와 비슷했을 거라고 주장하고 있어. 그런데 동물 가죽은 뻣뻣하고 냄새도 심하게 나서 그냥 입기에 불편했을 거야. 어느 날, 뜨거운 온천물로 동물 가죽을 씻던 구석기 시대 사람들이 온천물에 어떤 나뭇가지와 나뭇잎이 들어가면 가죽이 훨씬 부드러워지고 냄새도 나지 않음을 발견했지. 처음으로 가죽 무두질이 시작된 거야. 시간이 지나면서 사람들은 동물 뼈로 만든 바늘로 가죽에 동물 힘줄을 꿰매어 몸에 맞게 옷을 만들었어.

신석기 시대 사람들은 식물 섬유나 식물 줄기로 그물을 만들어 물고기를 잡거나 바구니를 만들어 사용했어. 그들은 이 식물 섬유나 식물 줄기에서 실을 뽑아 천을 짜는 방법도 발명했지. 실을 세로 방향으로 팽팽하게 놓은 후에 다른 실을 가로로 교차시켜 천을 짠 거야. 양과 같은 동물의 털에서도 실을 뽑아내서 천을 만들었어. 이렇게 만든 천으로 옷을 만들면서 다양한 모양의 옷을 입을 수 있었지.

인류의 식생활을 변화시킨 놀라운 발명품

　신석기 시대가 되자 인류는 한곳에 머물며 농사를 짓기 시작했어. 농사를 지으면서 먹을거리가 많아지자 보관하고 운반하는 도구가 필요했지. 처음에는 식물 줄기로 만든 바구니를 사용했어. 바구니는 액체를 담을 수 없고 음식을 조리할 수도 없었지. 그러던 어느 날, 발자국이 찍힌 진흙이 마르면서 단단하게 남는 걸 본 거야. 사람들은 진흙을 반죽하여 모양을 만들고 말려서 그릇을 만들었지. 하지만 이 그릇은 약해서 쉽게 깨졌을 뿐 아니라 물이 스며들었어. 그런데 우연한 기회에 진흙으로 만든 그릇이 불에 탔지. 불에 탄 그릇은 더 단단했고 물도 스며들지 않았어.

　이때부터 흙으로 만든 그릇을 가마에 넣고 높은 온도로 구웠지. 인류는 처음으로 토기를 발명한 거야. 신석기 시대에 많이 발견되는 토기는 겉면에 빗살무늬가 새겨진 토기인데, 이 빗살무늬는 토기를 불에 구울 때 표면이 갈라지는 걸 막기 위해서 새겼다고 해.

　이때부터 토기를 이용해 음식을 물에 삶거나 끓여 먹을 수 있었어. 그러면서 인류는 전에는 먹을 수 없던 식물이나 열매를 먹을 수 있었지. 도토리는 떫어서 먹기 힘든데, 물에 넣어 떫은맛을 없애고 삶으면 맛있게 먹을 수 있거든. 또 토기에 바닷물을 담아 바짝 졸여서 소금을 만들어 먹을 수도 있었어. 토기의 발명은 인류의 식생활을 크게 발전시킨 놀라운 사건이었지.

새로운 물질, 금속을 발견하다

　신석기 시대가 끝나갈 무렵, 진흙으로 빚은 그릇을 가마 안에 넣고 높은 온도로 구워 토기를 만들 때였어. 높은 온도의 가마 안에 박혀 있던 돌에서 액체 방울이 스며 나왔지. 돌 일부가 높은 온도에 녹은 거야. 가마가 식은 후, 그 돌을 다시 보니 스며 나왔던 액체 방울이 굳어서 딱딱해졌어. 그런데 굳은 액체 방울은 돌과 전혀 다른 촉감이었고 반짝이는 광채도 있었지. 이 돌에 구리라는 금속이 섞여 있었던 거야. 인류가 처음으로 금속을 발견한 역사적인 순간이지.

　사람들은 이 새로운 물질로 도구를 만들면 좋겠다고 생각했어. 그래서 구리가 많이 섞인 돌을 모아 높은 온도로 가열하여 구리를 녹였지. 이렇게 녹은 구리 액체를 돌이나 진흙으로 만든 거푸집에 부었어. 이 거푸집 안에는 칼이나 반지 등의 모양 틀이 있었거든. 이 틀을 채운 구리 액체는 식으면 구리 칼과 반지가 되었어. 그런데 구리는 너무 약해서 쓰기에 불편한 점이 많았지. 사람들은 구리가 녹은 액체에 여러 가지 다른 물질을 섞어 보았어. 결국 구리에 주석이라는 금속을 섞을 때 아주 단단해진다는 사실을 알아냈지. 이렇게 만든 금속이 바로 청동이야. ==사람들은 구리와 주석이 녹은 액체를 돌이나 진흙으로 만든 거푸집에 부어 칼, 거울, 단추 등 다양한 청동기를 만들어 냈어.== 이렇게 해서 인류는 청동기 시대를 연 거야.

토기를 만드는 돌림판에서 탄생한 바퀴

인류는 문명이 발달하면서 무거운 짐을 손쉽게 운반하는 방법을 찾으려 했어. 처음에는 둥근 통나무들을 바닥에 까는 굴림대를 생각해 냈지. 그런데 짐을 계속 이동시키려면 짐 앞에 통나무를 계속 깔아 주어야 하는 번거로움이 있었어. 그래서 찾은 새로운 방법이 바로 바퀴야. 당시 사람들은 둥근 돌림판 위에 흙 반죽을 올려놓고 돌림판을 돌리면서 토기를 만들었는데, 이 돌림판이 나무 썰매와 결합하면서 바퀴가 탄생했지. 최초의 바퀴는 통나무를 원판 모양으로 잘라서 만들었어. 이 바퀴는 나뭇결에 따라 강도가 달라서 약한 부분이 쉽게 쪼개졌지. 그래서 나무판자 여러 장을 이어 붙여 원판 모양의 바퀴를 만들었어. 메소포타미아 문명의 수메르인은 기원전 3500년경에 세 조각의 두꺼운 나무판자를 구리 못으로 연결하여 바퀴를 만들고, 바퀴 한가운데 구멍을 뚫고 나무 썰매 아래에 있는 축에 끼워 수레를 만들었지.

그런데 원판 모양의 나무 바퀴는 무거워서 수레가 속력을 내기 어렵고 조정하기도 힘들었어. 기원전 2000년경, 시리아 북부의 히타이트족은 원판이 아닌 바퀴살이 있는 바퀴를 사용했지. 바퀴살이 있는 바퀴는 가벼워서 수레의 속력이 빨라졌어. 그 후, 바퀴는 테두리를 짐승 가죽이나 금속 등으로 씌워 보호하는 모양으로 발전했지. 이렇게 해야 바퀴를 충격에서 보호하고 바퀴 테두리의 마모를 줄일 수 있거든.

식사 준비를 하다가 발명한 유리

인류는 아주 먼 옛날부터 유리를 사용했어. 기원전 3000년경, 메소포타미아 유적에서 유리 조각이 발견되었지. 메소포타미아 문명의 점토판 기록에도 유리에 대한 기록이 있어. 기원전 18세기 말부터 기원전 17세기 초 사이의 기록에 유리에 관한 이야기가 적혀 있지. 고대 이집트에서는 기원전 5세기경부터 본격적으로 유리를 만들기 시작했다고 해. 이렇게 메소포타미아와 이집트에서 시작된 유리는 세계 각지로 퍼져 나갔어.

그렇다면 유리는 누가 발명했을까? 1세기, 고대 로마의 학자 플리니우스는 《박물지》라고 불리는 백과사전 형식의 책에 유리의 발명에 대해 다음과 같이 기록했어.

먼 옛날, 페니키아 상인이 시리아의 해안에 도착했다고 해. 식사 때가 되어서 그는 해변에 자리를 잡고 식사 준비를 했어. 음식을 조리하기 위해 솥을 받쳐 놓을 돌을 찾았는데 마땅한 것이 없었지. 그는 천연 소다를 파는 상인이었으므로 그의 짐에는 천연 소다가 많았어. 그래서 짐에서 소다 덩어리를 꺼내어 해변 모래밭 위에 돌 대신 솥을 받쳐 놓았지. 그리고 솥에 불을 지폈어. 불은 한참 동안 솥을 받쳐 놓은 소다 덩어리와 주변의 모래들을 가열했지. 그러자 소다 덩어리와 모래밭의 흰 모래가 같이 녹으면서 투명한 액체가 흘러나왔어. 이 투명한 액체가 바로 유리였던 거야.

기적이라고
칭송을 받는 돛

신석기 시대에 인류는 배를 사용하기 시작했어. 처음에는 주로 나무토막을 엮어 만든 뗏목이나 나무 속을 파서 만든 통나무배 그리고 강가나 호숫가에 무성하게 자라는 파피루스와 같은 갈대 풀을 엮어 만든 배 등을 사용했지. 그런데 이런 배들은 사람의 힘으로 노를 저어야만 앞으로 갈 수 있었으므로 강이나 해안에서 주로 사용했고 먼바다로 나갈 수가 없었어.

그러던 중에 누군가 바람이 배를 움직이는 데 도움이 된다는 사실을 알아냈고, 배가 바람을 잘 받을 수 있도록 돛을 발명했지. 최초의 돛은 식물 섬유를 꼬거나 동물 가죽으로 만들었어. 기원전 3000년경, 고대 이집트에서는 파피루스로 만든 돛을 단 배가 나타났지. 이렇게 바람의 힘을 이용하면서 배는 크기가 커졌어. 바람을 타고 나일강 상류로 물살을 거슬러 올라갈 수도 있었지. 또 먼바다로 항해할 수도 있었는데, 당시 이집트 배들은 지중해와 홍해 연안을 항해했어.

돛은 인류 문명을 널리 퍼뜨리는 데 큰 역할을 했지. 사람들은 돛을 단 배를 타고 바다 건너 섬으로 가서 살 수 있었고 바다를 새로운 활동 무대로 삼을 수 있었어. 그래서 1세기, 고대 로마의 학자 플리니우스는 돛을 '기적'이라고 칭송했지.

상한 술에서 발견한 식초

신석기 시대에 사람들이 우연히 물과 과일을 햇볕에서 발효시키면 아주 특별한 음료가 된다는 사실을 발견했어. 이 음료를 마시면 취해서 기분이 좋아졌거든. 이 음료가 바로 술이야. 그런데 이 술에서 특별한 조미료가 발견되었어. 기원전 5000년경, 고대 바빌로니아 사람들은 대추야자를 발효시켜 술을 만들었는데, 술은 오래 보관하면 다시 발효되어 신맛이 났지. 당시에 술이 워낙 귀한 음료여서 사람들은 신맛이 나는 술을 버리지 않고 음식물에 신맛을 보태는 조미료로 사용했어. 그 조미료가 바로 식초야. 식초를 뜻하는 영어 비니거(Vinegar)는 프랑스어 '시어 버린 와인'에서 유래했다고 해.

식초는 식품을 오랫동안 보관할 때도 사용되었어. 또 인류가 처음으로 사용한 약품 중 하나이기도 해. 기원전 400년경, 근대 의학의 아버지 히포크라테스는 환자들을 치료할 때 식초를 자주 사용했어. 그는 환자들에게 가래를 없애고 호흡을 편하게 만드는 치료제로 벌꿀과 섞은 식초를 권했지. 벌꿀과 섞은 식초는 감기와 폐렴, 늑막염 등과 같은 질병에도 사용되었어. 또 식초는 염증과 종기, 화상 등에도 사용되었어. 《성경》에도 식초에 대한 기록이 나와. 모세가 살았던 시대에 이스라엘 사람들은 식초를 이용하고 있었거든. 《성경》의 구약 룻기에도 어떤 사람이 룻에게 빵 조각을 식초에 찍어 먹으라고 권하는 내용이 나오지.

09 빙수와 아이스크림

얼음 저장 기술과 함께 시작된 빙수와 아이스크림

무더운 여름, 가장 생각나는 간식인 빙수와 아이스크림은 언제 생겼을까? 빙수와 아이스크림은 얼음 저장 기술과 함께 시작되었지. 기원전 2000년 전부터 인류 문명의 발상지인 메소포타미아에서는 얼음 창고를 지어 놓고 얼음을 보관했어. 고대 중국에서도 겨울철에 얼음을 채취해서 쉽게 녹지 않는 곳에 보관했다가 여름에 이용했지. 기원전 300년경에는 마케도니아의 알렉산더 대왕이 페르시아를 공격할 때 높은 산에서 가지고 온 만년설로 만든 음식을 먹었다는 이야기가 전해 와. 로마의 네로 황제도 여름이면 알프스 산에서 가지고 온 만년설에 과일과 벌꿀을 얹어 먹었다고 해. 이때는 우유를 섞지 않아 아이스크림보다는 지금의 빙수나 셔벗에 가까웠어.

우유가 든 얼음 음식을 처음으로 즐긴 사람은 중국 당나라 황제들이야. 발효시킨 우유에 곡물 가루와 각종 향신료를 넣은 액체를 금속관에 넣은 다음 얼음 구덩이 안에 넣어서 얼려 먹었거든. 그 맛이나 모양은 지금의 아이스크림과 거리가 멀었지. 17세기 중반, 이탈리아 귀족들은 설탕과 과일즙을 섞은 액체를 얼린 디저트인 소르베토(Sorbetto)를 즐겨 먹었어. 나폴리에 있는 에스파냐 총독 공관의 주방장 안토니오 라티니는 다양한 재료를 넣은 소르베토를 개발했지. 그가 개발한 소르베토에는 우유를 넣은 소르베토도 있었어. 이 우유 소르베토가 최초의 아이스크림이라고 할 수 있어.

기름과 재가 만나 탄생한 비누

비누는 염기성 성질을 가지는 탄산 칼륨과 지방질을 섞고 열을 가해서 만들지. 사람들은 이런 화학 반응에 대해 몰랐지만 아주 먼 옛날부터 비누를 만들어 사용했어. ==인류가 고기를 불에 구워 먹기 시작하면서 고기의 지방질이 염기성 성질을 가지는 재와 만날 기회가 많아졌고, 여기서 비누가 발명되었다고 보고 있지.==

기원전 2500년경, 메소포타미아의 수메르인이 산양의 기름과 나무의 재를 끓여서 비누를 만들었다는 기록이 있어. 고대 이집트에서도 기름과 재를 섞어 손 씻는 약품을 만들었다고 해.

기원전 600년경, 지중해에서 해상 무역을 하던 페니키아인들이 식물의 재와 동물의 지방을 물에 넣고 끓인 다음 수분을 증발시키고 남은 밀랍 같은 물질을 비누로 사용했어. 그 후, 이 방법은 널리 사용되었지. 유럽에서는 동물의 기름 대신에 올리브나 해초 기름을 이용해 비누를 만들기도 하고 재 대신에 천연 소다를 사용하기도 했어. 하지만 천연 소다는 매우 귀했기 때문에 비누는 아무나 사용할 수 없는 사치품이었지. 그러다 1790년, 프랑스 화학자 니콜라 르블랑이 식용 소금으로 소다를 만드는 방법을 알아내면서 비누 값이 싸졌어. 덕분에 비누는 누구나 쉽게 사용할 수 있게 되었고, 사람들의 위생 상태가 그 전보다 훨씬 좋아졌지.

누가 종이를 발명했을까?

종이가 없던 옛날에는 어디에다 글을 썼을까? 고대 이집트에서는 강이나 호숫가에서 자라는 갈대 풀인 파피루스를 이용해서 기록을 남겼어. 또는 양이나 송아지 가죽에다 글을 쓰기도 했는데, 이걸 양피지라고 불렀지.

고대 중국에서는 비단이나 길쭉하게 자른 대나무인 죽간에 글을 썼어. 그런데 비단은 너무 비쌌고, 죽간은 무거워서 가지고 다니기에 불편했지.

그러던 중, 후한 시대에 황제의 시중을 들고 문서를 책임지는 채륜이라는 사람이 있었어. 그는 글을 남기는 재료로 비단만큼 가벼우면서 비싸지 않은 것을 찾아내려 했지. 그는 황제의 물품을 만드는 작업장 책임자가 되자, 본격적으로 그 재료를 만들기 위해 노력했어. 그리고 오랜 연구 끝에 나무껍질, 삼베, 헝겊 조각 등에서 종이 원료를 분리했지. 그 원료를 펄프 모양으로 빻아 편편한 판에다 고르게 편 후에 건조하는 방법으로 종이를 만들었어. 오늘날 종이 만드는 방법에서 크게 벗어나지 않았지. 105년, 그는 자기가 만든 종이를 황제에게 바쳤고, 황제는 그 종이를 채후지라고 불렀어. 그런데 채륜은 종이를 처음 발명한 게 아니라 이미 있던 종이를 아주 새롭게 개량했다고 해. 이미 그 전부터 마를 주성분으로 하는 종이가 사용되었거든.

그 후, 종이는 3~6세기 사이에 우리나라에 전해졌고, 서양에는 8세기경에 중국의 종이 만드는 기술이 전해졌어.

12 시계
시간을 측정하는 방법을 발명하다

인류 문명이 시작될 때부터 사람들은 시간을 측정하려고 했어. 처음 시간을 측정한 방법은 태양 빛을 이용한 해시계였지. ==최초의 해시계는 바닥에 수직으로 선 막대기의 그림자 위치로 시간을 알렸지.== 기원전 1500년경에 세워진 이집트의 오벨리스크라는 거대한 돌기둥도 해시계 역할을 했다고 해. 사람들은 그림자가 비치는 바닥에 시간을 나타내는 눈금을 표시해서 좀 더 정확한 시간을 알아내려고 했지.

그런데 해시계는 흐린 날이나 밤에는 사용할 수가 없었어. 그래서 탄생한 시계가 바로 물시계야. 기원전 1400년경, 고대 이집트 사람들은 물시계를 사용했지. 물시계는 항아리처럼 생겼는데, 바닥에 뚫린 작은 구멍으로 물이 흘러나가는 동안 항아리 속 물 높이와 항아리 안쪽 면에 새긴 시간 눈금을 통해 시간을 알아냈어. 중국에서도 비슷한 시기에 물시계를 사용했지. 그 후, 오랫동안 여러 나라에서 더욱 정교하고 다양한 모양과 기능을 갖춘 물시계들을 만들었어.

기계 시계는 14세기 초에 유럽에서 등장했어. ==최초의 기계 시계는 쇠로 된 톱니바퀴로 이루어졌고, 줄에 매달린 추가 아래로 내려가면서 톱니바퀴가 돌아갔지.== 당시 유럽의 도시에는 거대한 기계 시계가 교회나 관공서의 탑에 설치되어 1시간마다 종을 쳐서 사람들에게 시간을 알려 주었어.

13 나침반

방향을 알아내는 장치를 발명하다

아주 먼 옛날부터 중국에서는 자석이 한 방향을 가리키는 성질이 있다는 사실이 알려졌어. 이러한 자석의 성질에 대한 가장 오래된 기록은 기원전 4세기경에 쓰인 《귀곡자》라는 책에 나와. 당시 어떤 사람이 길을 잃지 않으려 '사남'을 사용했다는 내용이지. 사남은 일종의 쟁반인 '반'과 자석으로 된 국자 모양의 '지남기'로 이루어졌는데, 반 위에 지남기를 올려놓고 돌리면 손잡이 부분이 남쪽을 가리켰어. 그런데 당시에는 이것을 점을 치거나 풍수지리로 지형을 살필 때 주로 사용했다고 해.

==방향을 알아내기 위한 진짜 나침반은 11세기 초, 중국 송나라에서 만들어졌어.== 당시 기록에는 나침반을 만드는 방법도 있고, 물고기, 수레, 거북, 바늘 등 다양한 모양의 나침반이 등장하지. 나침반이 가장 필요할 때는 별이나 해도 안 보이는 흐린 날에 망망대해에서 배를 타고 항해할 때야. 이런 날에는 배에서 도저히 방향을 알아낼 수가 없거든. 12세기 초에 와서야 방위가 표시된 나침반이 항해에 사용되기 시작했어. 방위가 표시된 그릇에 물을 담고 그 위에 지푸라기나 작은 나무를 이용해 바늘 모양의 자석을 띄워 방향을 알아냈지. 나침반은 13세기경에 중국에서 아랍으로 전해졌고, 다시 유럽으로 전해졌어. ==물이 없이도 방향을 알아낼 수 있는 오늘날의 나침반은 14세기경에 유럽에서 처음 등장했다고 해.==

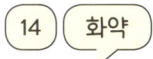

처음에는 약재로 발명되었던 화약

고대 중국의 도술가들은 사람이 늙지 않고 오래 살게 하는 약을 만들기 위해 노력했어. 사람들은 이런 도술가를 연단술사, 이런 약을 만드는 방법을 연단술이라고 불렀지. 그런데 연단술사 중 한 명이 초석과 유황, 숯을 섞어 만든 약이 폭발을 일으킨다는 사실을 발견했어. 이 약을 당시 사람들은 '불이 붙는 약'이라는 뜻의 '화약'이라고 불렀지. 하지만 사람들은 오랫동안 이 화약을 단지 약재로만 생각했어. 그리고 설이나 추석과 같은 명절에 나쁜 운과 재앙이 모두 떠나가기를 기원하며 불꽃을 터뜨리는 데 사용했지.

그러다 중국 송나라 시대에 들어서면서 화약을 무기로 만들기 시작했어. 화약이 폭발을 일으키는 성질에 사람들이 주목한 거야. 송나라 수도에는 화약 무기를 만드는 시설이 생겼고, 다양한 화약 무기를 만들었어. 12세기 초에는 화약의 폭발력으로 탄환을 발사하는 무기인 화포가 발명되기도 했지.

중국에서 만들어진 화약은 13세기에 몽골 제국에 의해 아랍에 전해졌고, 아랍을 통해 유럽에도 전해졌어. 화약이 화포와 함께 아랍과 유럽에 전해진 거야. 우리나라에서는 14세기 고려 말기에 최무선이란 사람이 화약을 처음으로 만들었어. 그가 발명한 화약은 침략을 일삼던 왜구들을 무찌르는 데 큰 역할을 했다고 해.

15 활판 인쇄술

지식과 정보를 널리 퍼뜨린 위대한 발명

1450년, 독일의 구텐베르크는 활판 인쇄술을 발명했어. 그 전까지는 책 내용을 일일이 펜으로 베껴 적어야 했어. 책은 무척 귀한 물건이었지. ==구텐베르크의 활판 인쇄술은 책을 한꺼번에 많이 찍어 낼 수 있게 했어.== 활판 인쇄술은 금속 활자들을 모아 인쇄용 판을 만들고 그 판으로 인쇄하는 기술이야. 금속 활자로 된 활판은 한 글자씩 떼어 내서 활자를 다르게 배치하면 다른 내용의 책도 찍을 수 있었지. 게다가 튼튼한 금속으로 만들어서 오래 사용할 수 있었어. 구텐베르크는 압력 장치를 개량해 인쇄기도 발명했고, 빨리 마르고 종이에 잘 번지지 않는 여러 가지 색깔의 인쇄용 잉크도 개발했지.

그런데 인쇄술은 구텐베르크보다 훨씬 앞선 9세기경에 이미 중국에서 사용되었다고 해. 나무판에 글자를 하나하나 새기고 찍어 내는 방법이 있었지. 나무판에 새긴 글자는 다른 책을 찍기 위해 떼어 낼 수 없었고 오래 사용하기도 힘들었어. 사실 금속 활자를 처음 발명한 사람은 구텐베르크가 아니야. 우리나라 고려 시대인 1234년에 금속 활자를 사용했다는 기록이 있고, 1377년에 금속 활자로 찍은 《직지심경》이라는 기록물이 지금까지 전해 오거든. 하지만 구텐베르크의 활판 인쇄술이 훨씬 더 발전했으며 현대의 인쇄술에 가까웠지. ==그래서 구텐베르크의 활판 인쇄술은 인류에게 가장 큰 영향을 끼친 발명품 중 하나로 꼽히고 있어.==

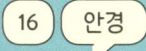

인쇄술 덕분에 찾는 사람이 많아진 발명품

　세상을 뚜렷이 보게 하고 눈을 보호하는 안경은 우리에게 없어서는 안 되는 물건이야. 안경은 언제 어떻게 생겼을까? 안경에 대한 기록은 1268년으로 거슬러 올라가. 영국의 철학자 베이컨은 유리나 수정과 같이 투명한 물체를 통해서 보면 글자가 훨씬 잘 보인다고 했어. 1289년의 어느 기록에는 최근 발명된 안경이 시력이 약한 노인에게 큰 축복이라는 내용도 있지. 따라서 안경은 1268년과 1289년 사이에 발명되었다고 추측할 수 있어. 또 13세기 후반, 이탈리아 베네치아의 유리 기술자들이 개발했다고도 전해 와. 그런데 비슷한 시기에 중국 원나라를 방문했던 마르코 폴로의 《동방견문록》을 보면, 중국 노인들이 안경을 사용했다는 내용이 나와. 그래서 중국에서 안경이 발명되었다는 설도 있어.

　여러 이야기가 전해 오지만, 확실한 것은 14세기 이탈리아에 안경이 있었다는 사실이야. 1352년, 이탈리아의 화가 토마소 다 모데나가 그린 위고 추기경의 초상화를 보면 안경을 쓰고 있거든. 그런데 당시 유럽에는 안경이 필요한 사람은 많지 않았어. 인쇄술이 발명되기 전이라 책을 읽는 사람이 매우 적었지. 하지만 1450년, 인쇄기가 발명되면서 상황은 변했어. 안경을 찾는 사람들도 많아졌지. 책을 읽기 위해 나빠진 시력을 바로 잡을 안경이 필요했던 거야. 이렇게 안경은 생활필수품으로 자리 잡게 되었어.

길거리 마술 덕분에
발명된 온도계

　16세기 후반, 이탈리아 파도바 대학교의 천문학 교수 갈릴레이는 길을 걷다가 마술을 하는 노인을 보았어. 노인은 물이 거슬러 올라가게 하는 마술을 보여 주었지. 사람들은 감탄하며 그 마술을 지켜보았지만, 갈릴레이는 그 마술에 의문을 품고 생각에 잠겼어. 그러다 뭔가 생각이 난 듯 허겁지겁 집으로 돌아와서는 고대 그리스의 과학자 헤론이 쓴 책을 펼쳤지. 책에는 노인이 했던 마술과 비슷한 실험이 실려 있었어. 그 노인이 보여 준 마술은 공기를 데우면 부피가 늘어나고 식으면 부피가 줄어드는 원리를 이용한 거야.

　여기에서 아이디어를 얻은 갈릴레이는 1593년, 온도 변화를 측정하는 온도계를 발명했어. 그가 발명한 온도계는 주전자에 물을 넣고 그 주전자 안에 긴 관이 달린 작은 구를 거꾸로 세운 모양이야. ==관 속의 공기가 식으면 부피가 수축하여 물이 관을 따라 올라가고, 반대로 관 속의 공기가 데워지면 부피가 늘어나 물이 관을 따라 아래로 내려가지.== 온도에 따라 공기의 부피가 변하는 원리를 이용해서 온도를 측정하는 거야. 그런데 측정한 온도가 정확하지는 않았다고 해. 17세기에는 이 온도계의 원리를 바탕으로 한 다른 온도계들이 나오기 시작했어. 더 정확한 온도를 측정할 수 있었고 크기도 작아졌지. 그중 알코올 온도계와 수은 온도계가 있는데, 이 온도계들은 공기의 팽창이 아닌 액체의 팽창을 이용한 것으로 지금도 널리 사용되고 있어.

⦿ 한스 리퍼세이의 발견 ⦿

아이들의 장난에서 비롯된 발명

　17세기에 들어설 무렵, 네덜란드 미델부르흐의 한 안경원에서 아이 두 명이 안경용 렌즈 2개를 가지고 놀고 있었어. 아이들은 렌즈 하나를 눈 가까이에 대고, 또 다른 렌즈를 든 팔을 뻗었지. 그리고 2개의 렌즈를 통해 가까운 교회 탑을 보았어. 교회 탑이 맨눈으로 보는 것보다 훨씬 크게 보이자, 아이들은 깜짝 놀랐지. 이 모습을 보고 있던 안경원 주인 한스 리퍼세이는 아이디어가 떠올랐어. 그 아이디어는 2개의 렌즈를 기다란 원통에 끼워 넣어 멀리 볼 수 있는 장치를 만드는 거였지. 이렇게 해서 망원경이 처음으로 발명되었고, 리퍼세이는 1608년부터 망원경을 판매하기 시작했어. 그런데 비슷한 시기에 여러 사람이 비슷한 장치를 발명했다고 해.

　그 후, 망원경이 발명되었다는 소문은 유럽에 퍼졌고, 이탈리아 베네치아에 사는 갈릴레오 갈릴레이에게도 전해졌어. 이 소문에 자극을 받은 갈릴레이는 1609년에 망원경 제작에 도전했고, 결국 사물을 20배 확대해서 볼 수 있는 망원경을 만들었지. 이 망원경은 대물렌즈로 볼록렌즈, 접안렌즈로 오목렌즈를 사용했는데, 이런 망원경을 오늘날 갈릴레이식 망원경이라고 불러. 1611년에는 케플러가 대물렌즈와 접안렌즈 모두를 볼록렌즈로 사용한 케플러식 망원경을 만들었고, 1668년에는 영국의 과학자 아이작 뉴턴이 렌즈 대신에 곡선형 거울을 이용한 반사 망원경을 발명했어.

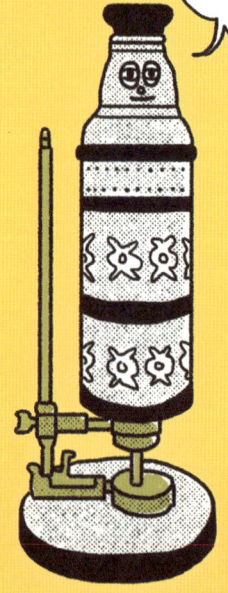

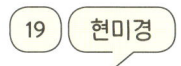

생물학 발전에 크게 기여한 발명

1590년, 네덜란드의 안경 제작자 한스 얀센과 그의 아들 자하리야 얀센은 긴 관에 2개의 렌즈를 같이 넣고 사물을 관찰했어. 그러자 그 사물이 9배나 크게 보였지. 이것이 최초의 현미경 발명인데, 성능은 좋지 않아서 작은 사물을 관찰하는 데 한계가 있었어.

1665년, 영국의 과학자 로버트 훅이 만든 현미경에는 조리개가 있어서 빛을 조정하고 램프의 빛을 모아 사물을 밝게 볼 수 있었지. 그는 이 현미경으로 코르크 세포를 관찰하여 세포를 최초로 관찰한 사람으로 역사에 기록되었어. 하지만 그의 현미경은 사물을 겨우 30배 확대해서 볼 수 있었지.

확대 배율이 아주 높은 현미경은 비슷한 시기, 네덜란드의 직물 장사꾼 레이우엔훅이 만들었어. 그는 로버트 훅이 현미경으로 관찰한 세계를 그림으로 그려 출판한 책 《마이크로그라피아》를 보고 큰 감명을 받았어. 자신도 현미경을 만들고 싶었지. 그는 직물 장사를 하면서 늘 돋보기로 직물을 들여다보았기 때문에 렌즈에는 전문가였거든. 결국 그는 직접 만든 렌즈로 현미경을 만들었는데, 물체를 300배나 확대해서 볼 수 있을 정도로 배율이 높았어. 그가 만든 현미경은 렌즈가 하나밖에 없는 특이한 구조였지. 그는 주변 모든 것을 이 현미경으로 관찰했는데, 덕분에 수많은 미생물을 발견했고 역사상 처음으로 인체에 사는 미생물을 발견해 생물학 발전에 크게 기여했어.

인류 최악의 발명품이자 최고의 발명품

총의 발명은 화약의 발명에서 비롯되었지. 총은 화약의 폭발력으로 탄환을 발사하는 무기이기 때문이야. 화약은 중국에서 처음 발명되었어. 12세기 초에는 중국에서 탄환을 발사하는 화약 무기인 화포가 발명되었지. 화포는 크고 무거워서 운반하기 힘들었어. 화포의 크기를 작게 만들어 사람이 혼자 가지고 다니면서 쏠 수 있는 무기를 생각하기 시작했지. 그래서 탄생한 것이 핸드 캐넌이야. 핸드 캐넌은 말 그대로 사람이 들고 다니는 화포라는 뜻으로 총의 원시적인 형태라고 할 수 있어.

중국에서 발명된 핸드 캐넌은 화포와 함께 13세기에 아랍을 거쳐 14세기 초에 유럽에도 전해졌지. 14세기와 15세기에 걸쳐 벌어진 영국과 프랑스의 백 년 전쟁에서 프랑스 병사들이 화포와 함께 핸드 캐넌을 들고 싸웠어. 핸드 캐넌은 동양과 서양에서 개인용 무기로 오랫동안 쓰여 왔지. 그러다 15세기 초에 유럽과 오스만 제국에서 방아쇠와 비슷한 장치가 달린 핸드 캐넌이 등장했어.

15세기 후반에 진정한 총이라고 할 수 있는 화승총이 유럽에서 처음 발명되었지. 화승총은 방아쇠와 함께 개머리판이 있으며, 심지를 방아쇠와 연결해 두었다가 방아쇠를 당기면 불이 붙은 심지가 화약에 닿아 폭발하고 탄환을 발사하는 방식이었어.

21 피뢰침

목숨을 내건 위험한 실험 끝에 발명한 피뢰침

　구름 속에서 번쩍이며 땅으로 내리꽂는 번개의 정체는 뭘까? 번개에 맞으면 사람도 죽고 건물도 부서지기 때문에, 옛날 사람들은 두려워하면서도 그 정체가 궁금했어. 1752년, 폭풍우가 몰아치는 어느 날 밤에 미국의 정치가이자 과학자인 프랭클린은 번개의 정체를 알아내기 위한 실험을 시작했지. 금속 열쇠를 매단 연을 번개가 내리치는 밤하늘로 띄운 거야. 목숨을 내건 아주 위험한 실험이었어. 번개가 치자 금속 열쇠에서 불꽃이 튀었고, 프랭클린은 번개의 정체가 전기라는 것을 알아냈지.

　프랭클린은 번개가 땅으로 내리쳤을 때 피해를 막는 방법을 찾기 위해 노력했어. 그는 번개가 바로 땅속으로 들어가면 피해를 막을 수 있다고 생각했지. 결국 그는 번개가 끝이 뾰족하고 높은 곳에 많이 떨어진다는 사실을 알아냈어. 이미 번개의 정체가 전기임을 알아낸 터라 번개를 땅속으로 보내는 방법을 쉽게 찾을 수 있었지. 그는 높은 건물 꼭대기에 뾰족한 금속 막대기를 세웠고, 그 금속 막대기에 연결된 구리 선을 땅속으로 보냈어. 금속 막대기와 구리 선은 모두 전기를 잘 통하게 하는 물질이거든. 그래서 번개의 전기가 다른 곳에 흐르지 않고 바로 땅속으로 들어가게 하지. 이 장치가 바로 피뢰침이야. 프랭클린은 피뢰침의 발명으로 많은 돈을 벌 수 있었지만, 많은 사람이 마음 놓고 피뢰침을 설치할 수 있도록 특허를 내지 않았다고 해.

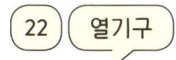

처음으로 하늘 높이 날아오르다

인류는 아주 오래전부터 하늘을 나는 꿈을 꿔 왔어. 그리스 신화에는 날개를 달고 하늘로 날아오른 다이달로스와 이카로스 이야기가 나오고, 중세 유럽에서는 호기심 많고 용기 있는 사람들이 하늘을 나는 꿈에 도전했지.

인류를 처음으로 하늘로 날아오르게 한 것은 날개가 아닌 공기였어. 18세기 후반, 프랑스 리옹 인근에서 제지 공장을 운영하던 몽골피에 형제는 모닥불의 재가 연기와 함께 하늘로 올라가는 모습을 유심히 보았어. 그들은 연기에 물건을 떠오르게 하는 힘이 있다고 생각하고, 이 힘을 이용해 하늘을 나는 기구를 만들기로 했지. 그들은 연구 끝에 비단 주머니로 만든 기구에 연기를 채워 날려 보내는 데 성공했고, 천과 종이로 만든 기구에 양, 닭, 오리를 태우고 날리는 데도 성공했어. 그런데 기구가 떠오른 것은 연기의 힘이 아니라 뜨거운 공기 때문이야. 뜨거운 공기는 주변 공기보다 가벼워서 위로 올라가는 성질이 있거든. 그래서 이 기구를 열기구라고 불러.

1783년 11월에는 기구에 사람 두 명을 태우고 하늘을 나는 데 성공했어. 이때 기구는 900m 높이까지 올라가 25분 동안 하늘을 날면서 9km를 이동했지. 10일 후에는 프랑스의 과학자 자크 샤를이 공기 대신 수소 기체를 채운 기구를 타고 약 2시간 동안 43km나 비행하는 데 성공했어. 수소 기체는 공기보다 13배나 가벼워서 뜨겁게 데우지 않아도 하늘로 떠오를 수 있거든.

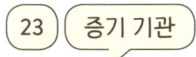

작은 변화가
세상을 바꾸다

증기 기관은 수증기를 데우면 팽창하고 식히면 다시 수축하는 현상을 이용해서 움직이는 힘을 얻는 장치야. 이 장치는 18세기 후반, 영국의 제임스 와트가 발명했다고 알려졌어. 그런데 제임스 와트 이전에 증기 기관은 전혀 새로운 게 아니었지. 증기의 힘을 이용한 장치는 역사가 아주 오래됐거든.

1세기경, 그리스의 헤론이 증기의 힘을 이용한 장치를 발명한 적이 있었지. 1698년에는 영국의 기술자 토머스 세이버리가 탄광에서 증기의 힘으로 물을 퍼내는 펌프를 움직이기도 했어. 18세기 초에 또 다른 영국의 기술자 토머스 뉴커먼이 더욱 발전한 증기 기관을 발명했지. 이는 큰 성공을 거두어 뉴커먼 기관이라고 불리며 널리 사용되었어. ==뉴커먼 기관은 데워진 수증기의 압력으로 피스톤을 밀어냈다가, 실린더를 식히면 수증기가 수축하면서 압력이 떨어져 피스톤이 다시 제자리에 돌아오게 하는 방식이었어.== 그런데 식은 실린더를 다시 가열하려면 많은 연료가 필요해서 에너지 효율이 떨어졌지.

제임스 와트는 이를 개량하여 새로운 증기 기관을 발명했어. ==실린더 안의 뜨거운 수증기를 관을 통해 뽑아낸 후에 실린더 바깥에 방을 따로 만들어서 식히는 방식이었어.== 에너지 효율이 몇 배나 높아졌지. 와트의 증기 기관은 크게 성공하여 탄광과 수많은 공장에 설치되면서 산업 혁명을 이끌었어. 이렇게 해서 제임스 와트는 증기 기관의 발명자로 세계에 알려진 거야.

24 수세식 변기
화장실의 더러움을 씻어 낸 발명

　수세식 변기가 없던 옛날에는 어떻게 용변을 보았을까? 땅에 구멍을 파거나 강가나 숲속 등 아무 곳에서나 용변을 봤을 거야. 상상만 해도 정말 더럽고 불편했겠지. 그래서 수세식 변기는 정말 고마운 발명품이야. ==수세식 변기는 16세기 말부터 여러 가지 기술들이 발명되면서 조금씩 발달했어.==

　최초의 수세식 변기는 1596년, 영국의 시인 존 해링턴이 만들었지. 이때 만든 변기는 물탱크가 붙어 있고, 여기서 나온 물이 변기의 오물을 씻어 내려 구덩이로 흘려보내는 구조였어. 그런데 이 수세식 변기는 구덩이에서 새어 나온 악취가 집안으로 흘러 들어오는 단점이 있었지. 이러한 문제는 1775년, 런던의 시계공이었던 알렉산더 커밍이 해결했어. 그는 변기 밑에 S자 파이프를 다는 발명을 했지. ==파이프 속에 물이 고이도록 해서 악취가 올라오는 것을 막았어.== S자 파이프가 달린 수세식 변기는 런던 만국박람회에서 소개되면서 큰 인기를 끌었지. 1880년, 영국의 배관공 토머스 크래퍼는 S자 파이프를 U자 파이프로 바꾸는 아이디어를 냈고, 변기 물탱크 속에 물에 뜨는 고무공을 달아 물의 양을 조절하는 장치를 개발했어. 비슷한 시기에 영국의 변기 제조업자 토머스 트와이포드는 변기 전체를 도자기로 만들어서 항상 깨끗하게 사용할 수 있게 했지. 이렇게 해서 오늘날 우리가 사용하는 변기가 탄생한 거야.

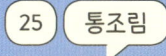

나폴레옹의 전쟁 승리에 큰 도움을 준 발명품

1804년, 프랑스 산업장려협회는 음식물을 오래 보존하는 방법을 공모했어. 당시 프랑스는 나폴레옹의 지휘 아래 다른 나라들과 전쟁을 벌이고 있을 때였지. 원정을 가야 하는 나폴레옹 군대는 병사들에게 제대로 된 음식물을 제공하기가 힘들었어. 병사들이 제대로 된 음식물을 섭취하지 못해 굶주리거나 질병에 시달리곤 했거든. 프랑스의 이름 있는 식품업자들은 너도나도 이 공모에 참여했고, 결국 제과업자 니콜라 아페르가 발명한 병조림이 당선되었어. 병조림은 입구가 넓은 유리병 안에 삶은 고기와 야채를 넣고 병째로 가열한 후에 코르크 마개로 입구를 막아 밀봉한 모습이었지. 아페르는 프랑스 정부로부터 큰 상을 받았고, 그의 병조림은 나폴레옹 군대가 유럽 곳곳에서 승리하는 데 큰 도움이 되었어.

병조림은 특별한 기술이 필요한 제품이 아니기 때문에 다른 나라에서도 모방하기 시작했지. 그러던 중 1820년, 영국의 기계공 듀란드가 병조림보다 더 튼튼하고 보관하기 쉬운 용기를 발명했는데, 바로 통조림이야. 통조림은 녹이 슬지 않도록 주석을 입힌 얇은 양철로 둥근 통을 만든 다음, 음식을 가열하여 넣고 공기를 차단한 채 양철 뚜껑으로 밀봉한 모습이지. 처음에는 통조림이 주로 군대에서 사용되었지만, 점차 일반인들도 사용하면서 전세계적으로 퍼져 나갔어.

치료용으로 발명되었던 탄산음료

아주 오래전부터 유럽 사람들은 땅속에서 솟아나는 광천수를 마셨어. 그런데 광천수가 솟아오르는 곳이 흔치 않아서 귀족이나 부자들만 마실 수 있었지. 1767년, 영국의 과학자 프리스틀리는 거품을 내는 광천수와 비슷한 물을 인공적으로 만들었어. 그는 양조장 발효통 안의 액체에서 가스가 생겨 거품이 이는 것에 흥미를 느꼈고, 색깔도 없고 냄새도 없는 그 가스의 정체를 밝히려 노력했지. 프리스틀리는 그 가스가 물에 녹는다는 사실을 알아냈어. 그 가스가 녹은 물은 상쾌한 거품을 냈는데, 마치 거품을 내는 광천수 같았어. 그 가스는 바로 이산화 탄소였고, 그 가스가 녹은 물은 탄산수였지. 광천수가 거품을 내는 이유도 탄산 성분이 들어 있기 때문이야. 프리스틀리는 이산화 탄소를 물에 녹이는 장치도 발명했어.

그 후, 유럽에서는 탄산수가 의약품으로 판매되었어. 탄산수는 마음을 편안하게 하고 피로 회복에도 효과가 있다고 알려져서 치료용으로 사용되었거든. 미국에서도 큰 인기를 끌었어. 미국에서는 탄산수에 딸기와 레몬 등의 시럽을 첨가하여 음료로 마시기 시작했지. 1886년에는 세계에서 가장 유명한 탄산음료인 코카콜라가 탄생했어. 코카콜라도 처음에는 두통이나 신경통에 약효가 있는 음료로 알려졌지만, 이후에 약효가 아닌 기분이 상쾌해지는 음료로 판매되면서 큰 인기를 누렸어.

27 전지
전기가 흐르는 장치를 발명하다

1796년, 이탈리아 파비아 대학교의 물리학과 교수 알레산드로 볼타는 재질이 서로 다른 동전을 혀 아래와 위에 각각 두고 두 동전을 철사로 연결했어. 그러자 혀에서 작은 전기 흐름을 느꼈지. 또 소금물을 적신 종이를 두 동전 사이에 끼웠을 때도 전류가 흐르는 것을 발견했어. 볼타는 이 실험을 통해 금속과 물로 전기가 흐를 수 있음을 알아냈지. 1800년, 볼타는 혀에서 느낀 전기의 흐름을 확대하는 장치를 고안했어. 은과 아연판을 번갈아 쌓고 판들 사이에 소금물로 적신 종이를 끼워 기둥을 만들었지. 기둥 맨 아래와 맨 위에 있는 은판과 아연판을 전선으로 연결하자 기둥에 있는 소금물과 금속이 화학 반응을 일으키며 전류가 흘렀어. 이렇게 해서 전기를 계속 흐르게 하는 장치가 세계 최초로 발명되었고, 이 장치는 볼타 전지라 불렸지. 볼타의 이 업적을 기리기 위해 오늘날 전압의 단위를 V(볼트)라고 쓰고 있어.

그런데 볼타 전지 속의 화학 반응은 언젠가 끝나기 때문에 시간이 흐르면 볼타 전지에서 더 이상 전류가 흐르지 않았어. 전지의 수명이 끝난 거지. 그래서 1859년, 프랑스의 과학자 플랑테는 충전이 가능한 축전지를 발명했어. 1877년, 프랑스의 르클랑셰는 음극에 아연, 양극에 탄소봉을 사용한 1.5V의 전지를 발명했는데, 이 전지가 오늘날 우리가 사용하는 원통형 건전지의 기본 구조가 되었어.

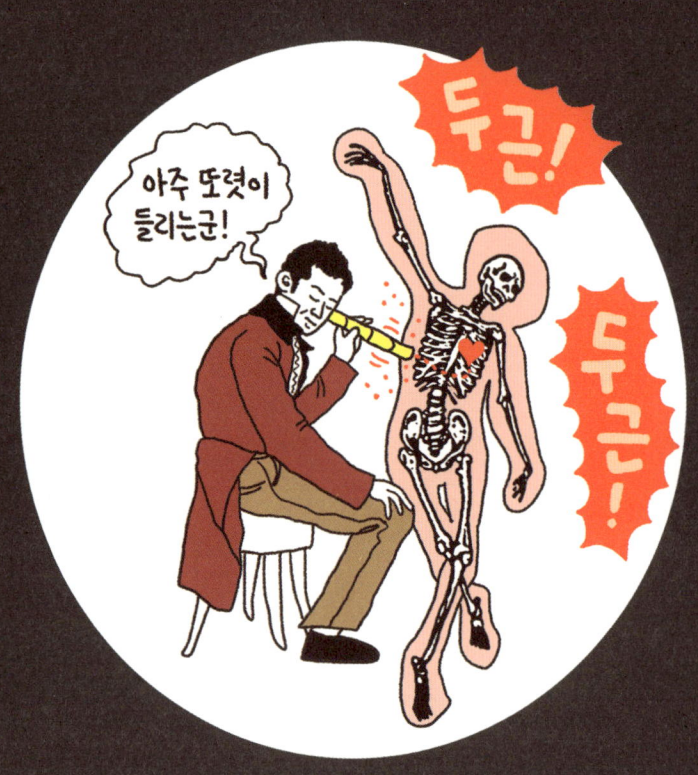

28 청진기

민망함 때문에 발명된 의사의 진찰 도구

　청진기는 사람의 폐와 심장, 장에서 나는 소리를 듣기 위한 도구로, 오늘날 의사를 상징하는 대표적인 진찰 도구야. 청진기가 없던 옛날에는 의사들이 환자 가슴과 등을 두드려서 나는 소리나 직접 환자 가슴에 귀를 대고 폐나 심장에서 나는 소리를 들으며 진찰했어.

　1816년, 프랑스 의사 르네 라에네크는 심장이 좋지 않은 어느 여인을 진찰했지. 그런데 그 여인이 너무 뚱뚱해서 가슴이나 등을 두드려서 소리를 들을 수가 없었어. 게다가 가슴이 커서 귀를 갖다 대고 듣는 건 매우 민망한 일이었지. 라에네크는 아이디어를 냈어. 종이를 둘둘 말아 한쪽 끝을 그 여인의 가슴에 대고 다른 쪽 끝에 귀를 갖다 댄 거야. 놀랍게도 여인의 심장 소리가 귀를 직접 대고 듣는 것보다 더 또렷하게 들렸어. 라에네크는 이걸 좀 더 발전시키기로 했지. 공책을 단단히 말아 원통을 만든 다음 원통 양쪽 끝을 풀 먹인 종이와 실로 막아 버렸어. 라에네크는 이걸 청진기라고 불렀고, 그 후에도 실험을 통해 청진기를 조금씩 발전시켰지. 둘둘 만 공책 대신 속이 빈 나무 관으로 청진기를 만들고, 청진기를 이용한 환자의 진찰 결과를 자세히 기록했어. 그 결과 폐, 심장, 늑막 등에서 나는 소리와 그 변화를 듣고 여러 질병을 알아낼 수 있었지. 1825년, 미국 내과 의사 캐먼이 오늘날처럼 두 귀로 들을 수 있는 청진기를 발명했어.

29 사진과 카메라

태양 광선이 그리는 그림을 발명하다

1727년, 독일의 과학자 요한 하인리히 슐체는 질산 은이 빛을 받으면 색깔이 검어진다는 사실을 발견했어. 1826년, 프랑스의 인쇄업자 조세프 니에프스는 역청이라는 기름 성분의 물질이 질산 은과 비슷한 효과를 낸다는 사실을 알아냈지. 이 물질은 빛을 받으면 굳어지는 성질이 있거든. 니에프스는 나무 상자 안에 역청을 바른 금속판을 세워 두고 상자에 있는 작은 구멍을 통해 자기 집 창밖으로 보이는 풍경을 무려 8시간이나 노출했지. ==역청을 바른 금속판은 햇빛에 노출된 부분이 굳으면서 창밖 풍경을 흐릿하게 담아내는 데 성공했어.== 이것이 인류 최초의 사진으로, 니에프스는 이 사진을 태양 광선이 그리는 그림이라는 뜻의 헬리오그래피라 불렀지.

1837년, 프랑스의 루이 다게르가 새로운 방법으로 사진을 찍는 데 성공했지. ==그는 요오드 증기를 쐰 은판이 든 나무 상자 안으로 빛을 10분만 노출하여 사진을 찍는 데 성공했어.== 비교적 짧은 노출 시간에 선명한 사진을 얻었지. 이것이 인류 최초의 카메라 발명이라고 할 수 있는데, 상업적으로도 매우 성공했어. 그 후, 짧은 노출 시간에 더욱 선명한 사진을 찍을 수 있는 새로운 카메라가 계속 개발되었고, 찍은 사진 이미지로 여러 장의 사진을 인화할 수 있는 장치도 개발되었지. 또 좀 더 빠르고 쉽게 사진을 찍을 수 있도록 두루마리 형식의 필름을 이용해 찍는 카메라가 개발되었어.

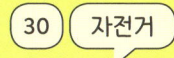

많은 발명가의 손을 거쳐 탄생한 자전거

　자전거는 18세기 말 프랑스에서 시작되었지. 1791년, 프랑스 귀족 시브락은 아이들이 타고 놀던 목마를 보고 빨리 달릴 수 있는 기계라는 뜻을 가진 셀레리페르를 만들었어. 나무로 된 2개의 바퀴를 연결하고 안장을 얹었지만, 페달과 핸들이 없었지. 두 발로 땅을 차면서 앞으로 나아가야 했고 방향을 바꾸려면 앞바퀴를 들어 방향을 바꿔야 했어.

　1817년이 되어서야 핸들이 달린 자전거가 나타났어. 독일의 귀족 카를 폰 드라이스는 산림을 감독하는 책임자로 일했는데, 넓은 지역을 걸어 다니는 게 불편해서 두 바퀴로 달리는 기계를 만들었지. 나무로 만들어진 이 기계는 앞바퀴에 핸들이 달려서 쉽게 방향을 바꿀 수 있었어. 드라이지네로 불린 이 기계는 여전히 두 발로 땅을 차면서 앞으로 나아가야 했지만, 모양이 자전거의 원조라고 불리기에 충분했지.

　그 후, 자전거는 점점 발전했어. 1839년, 스코틀랜드의 대장장이 커크 맥밀런이 자전거에 페달을 달았어. 그런데 이 페달은 너무 비효율적이었지. 1861년, 프랑스의 대장장이 피에르 미쇼가 자전거 앞바퀴에 페달을 달았는데, 큰 인기를 끌었어. 1885년, 영국의 자전거 수리공 스탈리는 오늘날 자전거처럼 페달을 저으면 체인을 통해 뒷바퀴가 돌아가는 방식의 자전거를 만들었지. 이렇게 자전거는 오랜 세월 많은 발명가의 손을 거쳐 탄생했어.

31 마취제

웃음 가스에서 시작된 마취제의 발견

1798년, 영국의 화학자 험프리 데이비는 아산화 질소 가스가 사람들에게 웃음을 일으킨다는 사실을 알아내고 '웃음 가스'라는 별명을 붙였어. 1818년, 데이비의 제자 패러데이가 황화에테르 증기가 아산화 질소와 비슷한 효과를 낸다는 사실을 알아냈지. 사람들은 아산화 질소와 에테르를 이용해 환각 상태에 빠지는 웃음 가스 파티를 즐기곤 했어. 그중에는 미국 조지아의 의사 크로포드 롱도 있었지. 그는 친구들과 에테르 냄새를 맡고 환각에 빠져 몸을 제대로 못 가누어서 여기저기 부딪혔어. 그런데 몸에 멍들거나 상처가 나도 통증을 느끼지 못했지. ==롱은 문득 에테르를 이용해 수술 환자의 고통을 없앨 수 있다는 생각이 들었어.== 당시에는 마취제가 없어 수술하기가 힘들었거든. 1842년, 롱는 에테르를 이용해 환자의 정신을 잃게 하고 목에 난 종양을 제거하는 수술을 했어. 수술 후에 깨어난 환자는 수술할 때 통증을 전혀 못 느꼈다고 말했지. 그 후, 다른 몇몇 의사들도 마취제 사용에 도전했어. 하지만 많은 사람이 마취제를 믿지 못하고 속임수라고 생각했지. ==1846년, 미국 매사추세츠 종합 병원에서 의사 윌리엄 모턴은 에테르로 환자를 마취시키고 목에 난 혹을 제거하는 공개 수술을 진행했어.== 그 후, 에테르를 이용한 마취 수술은 점점 퍼져 나갔고, 클로로포름과 같은 새로운 마취제도 등장했지. 덕분에 외과 수술은 크게 발전할 수 있었어.

32 엘리베이터

절대 추락하지 않는 안전한 엘리베이터를 발명하다

엘리베이터는 고대 그리스에서 시작되었지. 나무판에 밧줄을 매달고 도르레에 걸어 잡아당겼는데, 건물을 지을 때 이용했어. 사람이 타는 엘리베이터는 16세기 프랑스의 베르사유 궁전에 있었다는 기록이 있지.

18세기에 증기 기관을 발명하면서 엘리베이터도 증기 기관의 힘을 이용하기 시작했어. 1834년에는 가는 강철선을 여러 겹 꼬아 만든 강철 밧줄이 발명되면서 좀 더 안전한 엘리베이터가 만들어졌지. 19세기에는 대도시에 높은 건물이 들어서면서 꼭 필요한 존재가 되었어. 하지만 아무리 강철 밧줄이라고 해도 끊어질 수 있었으므로 사람들은 엘리베이터 타는 걸 두려워했지.

이러한 문제는 1853년, 미국의 엘리샤 오티스에 의해 해결되었어. ==그는 한쪽 방향으로만 회전하는 톱니바퀴를 이용해 밧줄이 끊어져도 추락하지 않는 안전한 엘리베이터를 발명했거든.== 이듬해 그는 뉴욕 국제박람회에서 그 엘리베이터의 안전함을 직접 실험을 통해 사람들에게 알렸어. 관람객들 앞에서 엘리베이터에 탄 채로 엘리베이터에 연결된 밧줄을 끊었지만, 엘리베이터는 추락하지 않고 그대로 멈춰 섰지. 그 후, 오티스는 엘리베이터 회사를 세워 크게 성공했고, 사람들은 엘리베이터를 안심하고 탈 수 있었어. 19세기 말부터는 전동기로 움직이는 엘리베이터가 등장했는데, 속도도 빠르고 다루기도 쉬워서 고층 건물에는 빠지면 안 되는 존재가 되었지.

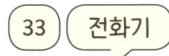

1시간 차이로 발명의 영광을 차지하다

영국 출신의 미국인 알렉산더 그레이엄 벨은 청각 장애인 교육 일을 하면서 사람이 소리를 듣는 원리에 관심이 많았어. 그는 전기를 이용한 전신기가 진동을 전달할 수 있다면 사람의 목소리도 전달할 수 있다고 생각하고 연구를 시작했지. 전기에 대한 지식이 부족했던 그는 전기 기술자 토마스 왓슨을 고용해 함께 연구했어.

1876년 어느 날, 벨은 전자석으로 움직이는 진동판이 소리를 내며 진동하는 것을 발견했어. 진동판은 옆방에 있는 다른 진동판과 연결되어 있었지. 옆방에서 왓슨이 진동판을 두들겼을 뿐인데, 이것이 전류로 바뀌어 벨이 있는 방의 진동판을 진동시킨 거야. ==벨과 왓슨은 여기에서 아이디어를 얻어 소리가 진동판을 진동시키고, 이 진동이 전류로 바꾸어 전해지면 다시 진동판이 진동하여 같은 소리를 내는 장치를 만들었어.== 전화기를 발명한 거야.

벨은 전화기의 특허 등록을 위해 특허청을 찾아갔어. 놀랍게도 같은 날, 엘리샤 그레이라는 발명가도 전화기 특허 등록을 위해 특허청에 온 거야. 그런데 벨이 그레이보다 1시간 먼저 등록했기 때문에 전화기 발명 특허는 벨에게 돌아갔지. 벨의 전화기는 큰 인기를 끌면서 널리 보급되었어. 하지만 그레이뿐만 아니라 다른 발명가들도 자신이 먼저 전화기를 발명했다고 주장했지. 벨은 오랫동안 특허권을 지키기 위한 소송을 해야 했어.

34 청바지
천막용 천에서 탄생한 세계 최고의 패션

유행 타지 않으면서 언제나, 누구나 입을 수 있는 옷 하나를 꼽으라고 하면 대부분 청바지를 떠올릴 거야. 청바지는 19세기, 미국 서부에 금을 캐기 위해 몰려온 광부들로 북적일 때 시작되었어. 이때, 여기저기 천막이 세워져 마을이 만들어졌는데, 덕분에 천막용 천 생산업자 리바이 스트라우스는 장사가 잘되었어. 어느 날, 스트라우스에게 큰돈을 벌 수 있는 제안이 들어왔지. 군대용 천막 10만여 개를 만들 엄청난 양의 천을 군대에 파는 기회를 주겠다는 거야. 스트라우스는 부지런히 그 천을 만들어 냈지만, 일이 꼬여서 그 기회는 사라지고 말았어. 화가 난 스트라우스는 술집을 찾았어. 술집에는 광부들이 모여 술을 마시고 있었지. 광부들은 땅을 파는 거친 일을 하다 보니 심하게 해진 바지를 입고 있었고, 몇몇은 그 바지를 꿰매고 있었어.

스트라우스는 질겨서 잘 닳지 않는 천막용 천으로 바지를 만들면 좋겠다는 생각이 떠올랐어. 그는 바로 실행했고, 그 바지는 광부들에게 큰 인기를 끌었어. 스트라우스는 주머니 모서리를 금속 리벳으로 단단히 고정하자는 재단사 제이콥 데이비스의 제안을 받아들여 더 튼튼한 바지를 만들 수 있었지. 1873년, 두 사람은 이 바지에 대한 특허를 신청했어. 그 후, 옷감을 데님으로 바꾸고, 색깔도 파란색으로 염색했지. 이렇게 해서 탄생한 청바지는 세상에 널리 퍼졌고 지금도 많은 사람에게 사랑받고 있어.

35 내연 기관

증기 기관보다 열효율이 훨씬 좋은 엔진을 발명하다

증기 기관은 18세기부터 사용되었지만, 열효율이 10%밖에 안 되어서 에너지 낭비가 많았어. 19세기 후반부터 이 문제를 해결하려 발명가들이 새로운 기관에 관심을 두기 시작했지. 그들은 수증기가 아닌 연료가 타면서 나오는 에너지로부터 직접 힘을 얻는 내연 기관을 발명하기 위해 노력했어. 가장 먼저 발명된 내연 기관은 프랑스의 기술자 르누아르가 발명한 가스 엔진이었지. 이 엔진은 석탄 가스와 공기를 혼합한 가스에 전기 불꽃을 일으켜 폭발을 일으키고 그 폭발의 힘으로 동력을 얻는 방식이었어. 하지만 이 엔진은 구조도 복잡하고 연료 소모도 많아서 관심을 끌지 못했어.

1864년, 독일의 기술자 니콜라스 오토는 이를 발전시켜 움직이는 엔진을 만들었어. 첫 번째, 연료와 공기가 연소실에 들어가 혼합하고, 두 번째, 혼합물이 압축되고 불꽃이 일어나면 폭발하며, 세 번째, 그 폭발의 힘으로 피스톤을 밀어내어 동력을 만들고, 네 번째, 피스톤이 다시 원래 자리로 이동하고 폭발로 생긴 가스를 배출하는 거야. 이런 과정을 4행정 사이클이라고 하는데, 오늘날 사용하는 엔진도 이와 똑같이 움직여. 오토의 엔진은 사람들의 주목을 받으며 크게 성공했어. 1883년에는 독일의 기술자 다임러와 마이바흐가 함께 처음으로 가솔린 엔진을 개발했어. 가솔린은 석탄 가스보다 가볍고 저장하기 쉬우며, 가솔린 엔진은 석탄 가스 엔진보다 몇 배나 빨리 움직였지.

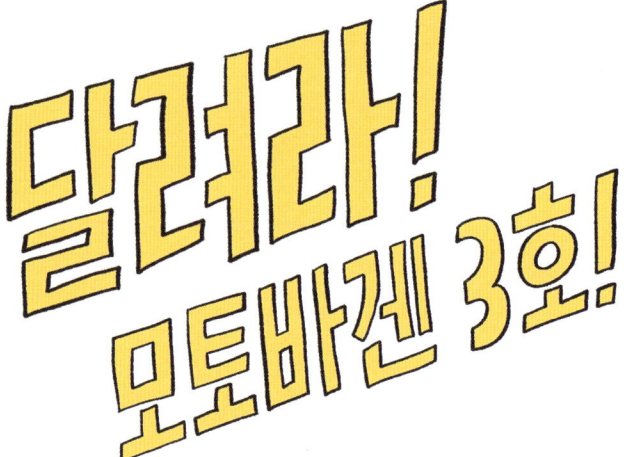

36 자동차
세계 최초로 자동차를 발명한 벤츠

다임러와 마이바흐의 가솔린 엔진이 세상에 나오고 얼마 지나지 않아 독일의 기술자 칼 벤츠도 4행정 사이클의 가솔린 엔진을 만들었어. ==1885년, 그는 엔진을 바퀴가 달린 탈것에 붙여 바퀴를 돌리게 했지. 바퀴가 3개인 이 탈것이 바로 세계 최초의 자동차인 모토바겐 1호야.== 이듬해인 1886년, 벤츠는 모토바겐 1호로 세계 최초 가솔린 자동차 특허를 받았어. 같은 해에 다임러도 가솔린 엔진이 달린 자동차를 내놓았지. 그는 마차에 자기가 만든 가솔린 엔진을 붙여서 세계 최초로 4바퀴가 달린 자동차를 만들었어. 다임러의 엔진은 벤츠의 엔진보다 더 뛰어나서 그의 자동차는 시속 13km였던 벤츠의 자동차보다 빠른 시속 19km로 달릴 수 있었어. 하지만 벤츠가 가장 먼저 자동차 특허를 받아서 자동차의 아버지라는 명예를 차지했지.

벤츠는 자신의 자동차를 계속 보완해 나갔지만, 주목을 받지 못했어. 그러던 1888년, 그의 아내 베르타는 두 아들과 함께 벤츠가 만든 모토바겐 3호를 타고 남편 몰래 여행을 떠났어. 100km나 떨어진 그녀의 친정집을 향해 간 거야. 그녀는 많은 어려움을 겪었지만, 무사히 도착했고, 여행하는 동안 맞닥뜨린 문제점을 해결하면서 자동차를 한층 좋게 개량할 수 있었어. 1894년, 벤츠는 바퀴 4개인 자동차를 개발했는데, 이 차는 큰 인기를 얻어 대규모로 생산된 최초의 자동차가 되지.

엉뚱한 호기심이 전염병에서 인류를 구원하다

19세기 이전에는 전염병이 유행하면 속수무책으로 당해야만 했지. 1796년에 영국의 에드워드 제너가 천연두를 예방할 수 있는 우두 접종법을 발명했는데, 그 원리를 아무도 몰랐어.

그로부터 100여 년이 지난 1880년, 닭 콜레라 전염병이 유행하여 닭들이 죽어 나갔어. 프랑스의 미생물학자 루이 파스퇴르는 닭 콜레라를 일으키는 세균을 찾아내는 데 성공하고 조수에게 그 세균을 배양하도록 지시했지. 그런데 그 조수가 깜빡 잊고 휴가를 떠난 거야. 며칠 후, 파스퇴르는 오래된 배양액 안에서 영양분 부족으로 약해진 닭 콜레라균을 발견했어. ==파스퇴르는 약해진 균도 닭 콜레라를 일으키는지 궁금했지. 엉뚱한 호기심이 생긴 거야.== 그는 약해진 닭 콜레라균을 닭에게 주사했지. 그런데 주사를 맞은 닭들이 닭 콜레라에 걸리지 않았어. 그다음, 약해진 닭 콜레라균을 주사했던 닭과 그렇지 않은 보통 닭 모두에게 강한 닭 콜레라균을 주사했지. 그러자 보통 닭은 닭 콜레라에 걸렸지만, 약해진 닭 콜레라균을 주사했던 닭은 조금 앓다가 금방 회복했어. 약해진 세균을 주사하면 병을 가볍게 앓은 다음 그 병에 대한 면역력이 생긴다는 사실을 알아낸 거야. ==파스퇴르는 약하게 만든 세균을 '백신'이라고 이름 붙였어.== 이렇게 백신의 원리가 밝혀지면서 탄저병, 광견병 등 다른 전염병의 백신이 세상에 나오기 시작했어.

38 냉장고

세계 최초로
인공 얼음을 만들다

인류는 오래전부터 음식을 낮은 온도에서 오랫동안 보관할 수 있다는 것을 알았지. 그래서 겨울에 얼음을 캐어 동굴에 보관했다가 여름에 사용했어. 우리나라 신라 시대에 있었던 석빙고나 조선 시대에 있었던 동빙고, 서빙고는 이런 얼음을 보관하던 곳이지. 그런데 큰 얼음을 자르고 운반해서 보관하는 건 무척 힘든 일이었어. 당연히 얼음은 여름에 엄청난 사치품이었지. 그래서 과학이 발달하자 인공적으로 얼음을 만들려고 노력했어.

1748년, 영국의 과학자 윌리엄 컬런이 세계 최초로 인공 얼음을 만드는 데 성공했지. ==그는 땀이 마르면서 피부의 열을 빼앗는 것처럼 액체가 기체로 바뀌는 과정에서 주변의 열을 흡수한다는 사실을 알아내고 아이디어를 얻었어.== 그는 알코올의 일종인 에틸 에테르를 기화시켜 물을 얼리는 데 성공했지. 이 성공에 자극받아 1805년, 미국의 발명가 에번스는 냉장고를 처음으로 설계했고, 1834년에는 영국의 기술자 퍼킨스가 얼음 기계로 처음 특허를 받았어. 1862년, 스코틀랜드의 인쇄공 제임스 해리슨이 에테르를 냉매로 이용한 냉장고를 개발했는데, 산업용으로 많이 이용되었어. 1875년, 독일의 기술자 칼 폰 린데는 암모니아를 냉매로 이용한 냉장고를 만들었는데, 양조장 등에서 널리 사용되었지. 1913년, 미국의 발명가 프레드 울프가 이산화 황을 냉매로 이용해 최초로 전기 냉장고를 개발했어.

플라스틱으로 만든
최초의 물건, 당구공

얼마 전에 심해 탐구 잠수함이 태평양 바다 밑 1,000m 아래로 내려간 적이 있었어. 놀랍게도 그곳에서 플라스틱으로 만든 비닐봉지를 발견했지. 우리가 사용하는 플라스틱은 대부분 석탄이나 석유 등의 화석 연료에서 뽑아낸 합성 물질이야. 하지만 플라스틱을 처음 발명했을 때는 천연 원료를 사용했지.

1862년, 영국의 발명가 알렉산더 파크스는 방수 옷감을 만들기 위한 실험에서 질산 섬유소를 에테르와 알코올에 녹인 후 틀에 넣어 건조하면 단단하면서 탄성 있는 물질이 된다는 사실을 알아냈어. 1869년, 미국의 발명가 존 하이엇은 질산 섬유소를 피부약으로 쓰이는 캠퍼팅크에 녹여 새로운 천연수지를 만들었어. 이 천연수지는 열을 가하면 원하는 모양으로 만들 수 있고, 식으면 상아처럼 단단하면서도 탄력이 있었지. 이것이 최초의 플라스틱인 셀룰로이드야. 하이엇이 셀룰로이드로 만든 첫 번째 물건은 당구공이야. 그전까지 당구공은 값비싼 코끼리 상아로 만들었거든. 천연 원료를 사용하지 않고 만든 최초의 플라스틱은 1907년, 미국의 리오 베이클랜드가 만들었어. 그는 페놀과 포름알데히드를 반응시키면 나뭇진 같은 것이 생긴다는 논문을 보고 이를 이용해 베이클라이트라는 이름의 단단한 플라스틱을 만들었어. 이 플라스틱은 천연 원료를 사용하지 않고 만든 최초의 합성수지야.

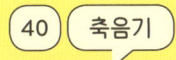

전화 수화기의 진동판에서 시작된 축음기의 발명

축음기는 원통이나 원반에 홈을 파서 소리 정보를 기록하고 바늘로 그 홈의 모양을 읽어 소리를 재생하는 장치야. 인류가 처음으로 발명한 녹음기이자 소리 재생 장치지. 이 장치는 1857년, 프랑스의 스코트가 발명한 음성 기록 장치 '포노토그래프'로부터 시작되었어. 그런데 이 장치는 그 소리를 재생할 수는 없었어. 1877년, 프랑스의 발명가 크로스가 소리까지 재생할 수 있는 장치를 생각해 냈지만 실제 발명품으로 완성하지는 못했어.

같은 해 여름, 미국의 발명가 토머스 에디슨은 전신 회사의 부탁을 받고 전화기를 조사하고 있었어. 그는 수화기의 진동판이 떨리는 것을 보고 그 진동으로 다른 것도 움직일 수 있겠다고 생각했지. 그는 진동판에 짧은 바늘을 붙이고 바늘 끝에 손가락을 댄 다음 진동판을 향해 말을 했어. 그러자 바늘이 손가락을 자극했지. 아이디어를 얻은 그는 축음기를 발명하기로 했어. 1877년 12월 4일, 자신이 만든 축음기를 시험했어. 그는 은종이로 싼 원통에 진동판과 붙은 바늘을 내려놓고, 원통을 돌리면서 노래를 불렀어. 진동판의 진동이 바늘에 전달되었고, 바늘은 원통 은박지에 홈을 만들었지. 노래를 멈춘 에디슨은 원통을 원래 자리로 돌려놓은 다음 다른 진동판과 붙은 바늘을 원통 은종이에 찍힌 홈에 놓고 원통을 돌렸지. 그러자 놀랍게도 자신이 불렀던 노래가 재생되었어. 세계 최초로 축음기가 발명된 거야.

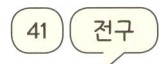

1,000번이 넘는 실험 끝에 만든 전구

형광등, 발광 다이오드(LED) 등과 같이 전기를 이용해 빛을 내는 기구가 없으면, 너무 답답할 거야. 이런 기구는 1808년, 영국의 화학자 험프리 데이비가 2개의 탄소 전극 사이에 일어나는 아크 방전을 이용한 아크등을 발명하면서 시작되었어. 이 등은 파리의 가로등에 설치되기도 했지만, 빛이 너무 강렬하고 금방 타 버려서 널리 쓰이지 못했지. 그 후, 발명가들은 좀 더 효율적으로 전기를 이용해 빛을 내는 기구, 즉 전구를 만들기 위해 노력했어. 그런데 빛을 내는 필라멘트의 재료와 필라멘트를 진공 속에 가두는 문제를 풀지 못했지. 1875년, 영국의 화학자 조셉 윌슨 스완이 처음으로 백열전구를 발명했어. 하지만 그의 전구는 전구 안의 진공을 유지하는 데 문제가 있었고, 필라멘트의 수명도 무척 짧아서 널리 쓰이지 못했지.

미국의 발명가 토머스 에디슨은 그 문제를 해결하기 위해 1년 넘게 실험을 거듭했어. 그는 값싸면서 수명이 긴 필라멘트의 재료를 찾기 위해 코코넛 조각, 낚싯줄, 심지어 사람의 수염까지 무려 1,000개가 넘는 재료로 실험했지만 적당한 것을 찾지 못했지. 실패를 거듭했지만, 에디슨은 전구가 안 되는 이치를 1,000가지 발견했을 뿐이라고 말했어. 이러한 노력 끝에 에디슨은 1880년, 1,500시간이나 빛을 내는 백열전구를 만들어 냈고, 이때부터 전구는 널리 사용되기 시작했지.

42 식기세척기

값비싼 도자기 그릇을 지켜려 발명한 식기세척기

식사를 끝낸 후, 설거지는 여간 귀찮은 일이 아니야. 그래서 발명된 기구가 바로 식기세척기지. 이것을 발명한 사람은 직접 설거지할 필요가 없는 부유한 집안의 여성이었어. 19세기 후반, 미국 시카고의 조지핀 코크런은 하녀들이 설거지할 때 값비싼 도자기 그릇이 깨지거나 이가 나가는 걸 더는 두고 볼 수 없었어. 그녀는 설거지하는 기계를 직접 만들기로 했지. 코크런은 과학과 공학 지식이 부족했지만, 기술자들을 고용하여 차근차근 일을 추진했어. 결국 코크런은 식기세척기를 만드는 데 성공했지. ==그녀가 만든 식기세척기는 그릇을 철조망 모양의 선반에 올려놓고, 그 선반을 구리로 만든 탱크 안에 넣은 다음 세제가 들어 있는 고압의 물을 사방에서 분사하여 식기를 세척했어.== 이 방식은 이후 나온 모든 식기세척기의 기본 방식이 되었지.

코크런은 식기세척기를 1893년 시카고 세계박람회에 선보였어. 편리함을 알게 된 식당 주인과 호텔 사장들이 서로 사겠다며 주문하자 코크런은 식기세척기를 만드는 회사를 세웠지. 그런데 코크런이 발명한 식기세척기는 따뜻한 물이 많이 필요했어. 19세기 말과 20세기 초의 미국 가정에서는 마음대로 따뜻한 물을 쓸 수 없었기 때문에 식기세척기를 사용하기 힘들었지. 1950년대 이후, 기술의 발달로 일반 가정에서도 따뜻한 물을 마음대로 쓰게 되었고, 비로소 식기세척기가 널리 사용되었어.

43 영화
재봉틀에서 아이디어를 얻어 영화를 발명하다

1894년, 프랑스 파리에서는 키네토스코프로 활동사진을 보기 위해 관람객들이 길게 줄을 선 모습을 쉽게 볼 수 있었어. 키네토스코프는 1891년, 에디슨과 딕슨이 발명한 활동사진 영사기인데, 나무 상자 안에서 전기 모터로 필름을 움직여 확대경을 통과하게 하고, 상자의 조그만 구멍을 통해 상자 위쪽에 확대되어 맺힌 활동사진 영상을 감상하는 구조였지. 미국은 물론 유럽에서도 큰 인기를 끌었어. 파리에서 사진업에 종사하는 뤼미에르 형제도 이를 보기 위해 줄을 섰지. 키네토스코프에 홀딱 반한 형제는 활동사진을 나무 상자 안에서 작게 보는 것에 만족할 수 없었어. 그들은 활동사진을 대형 화면에 비추어 많은 사람이 한꺼번에 볼 수 있다면 좋겠다고 생각했지.

뤼미에르 형제는 연구를 시작했어. 그들은 사진을 연달아 찍은 다음, 필름을 빠른 속도로 돌려서 사진이 움직이는 것처럼 보이게 하는 장치를 생각해 냈어. 그런데 필름을 돌리는 적당한 방법을 찾지 못했어. 움직이는 필름에 사진을 찍는 순간이나 움직이는 필름을 화면에 비추는 순간에 멈추는 기능이 필요했지. 그러던 어느 날 동생 루이는 재봉틀 돌리는 방법에서 그 방법을 찾아냈어. 형제는 '시네마토그래프'라는 영사기를 만들었는데, 이 영사기는 초당 16장의 속도로 사진을 화면에 비출 수 있었어. 영화가 발명된 거야. 영화를 뜻하는 '시네마'라는 말도 여기에서 비롯되었지.

44 진공청소기

먼지를 빨아들이는 기계를 발명하다

19세기부터 발명가들은 기계의 힘으로 편리하게 먼지를 없애는 방법을 찾기 위해 노력했어. 그러던 중에 영국의 공학자 허버트 세실 부스는 런던 엠파이어 뮤직홀에서 열린 신기술전시회에서 쓰레기통으로 먼지를 불어넣는 기계를 보고 그와 반대로 먼지를 빨아들이는 청소기를 생각해 냈지. 그는 전문가들에게 문의해 보았지만 그런 청소기 개발은 불가능하다는 답변을 들었어. 하지만 부스는 청소기에 대한 미련을 버리지 못했지.

그러던 어느 날, 부스는 친구들과 함께 식사하다가 갑자기 새로운 아이디어가 떠올랐어. 손수건을 꺼내 의자 덮개 위에 펼치고는 입을 대고 힘껏 빨아들였지. 손수건에는 입 모양의 먼지 얼룩이 생겼어. 부스는 여기에서 아이디어를 얻어 청소기 개발을 시작했지.

결국 1901년, 세실 부스는 가솔린 엔진으로 움직이는 커다란 진공 펌프로 먼지를 흡수하고 흡수된 먼지가 필터가 달린 용기 속으로 들어가는 진공청소기를 발명했지. 그런데 이 청소기는 너무 크고 무거워서 집 안으로 들어가지 못했어. 대신 마차에 실린 채 청소부가 구불구불한 긴 관을 건물 안으로 밀어 넣고 건물 안의 먼지를 빨아들였지. 집 안에서도 사용 가능할 정도로 진공청소기의 크기를 줄인 사람은 미국의 제임스 머레이 스팽글러였어. 그는 1908년, 소형 전기 모터로 움직이는 진공청소기를 개발했지.

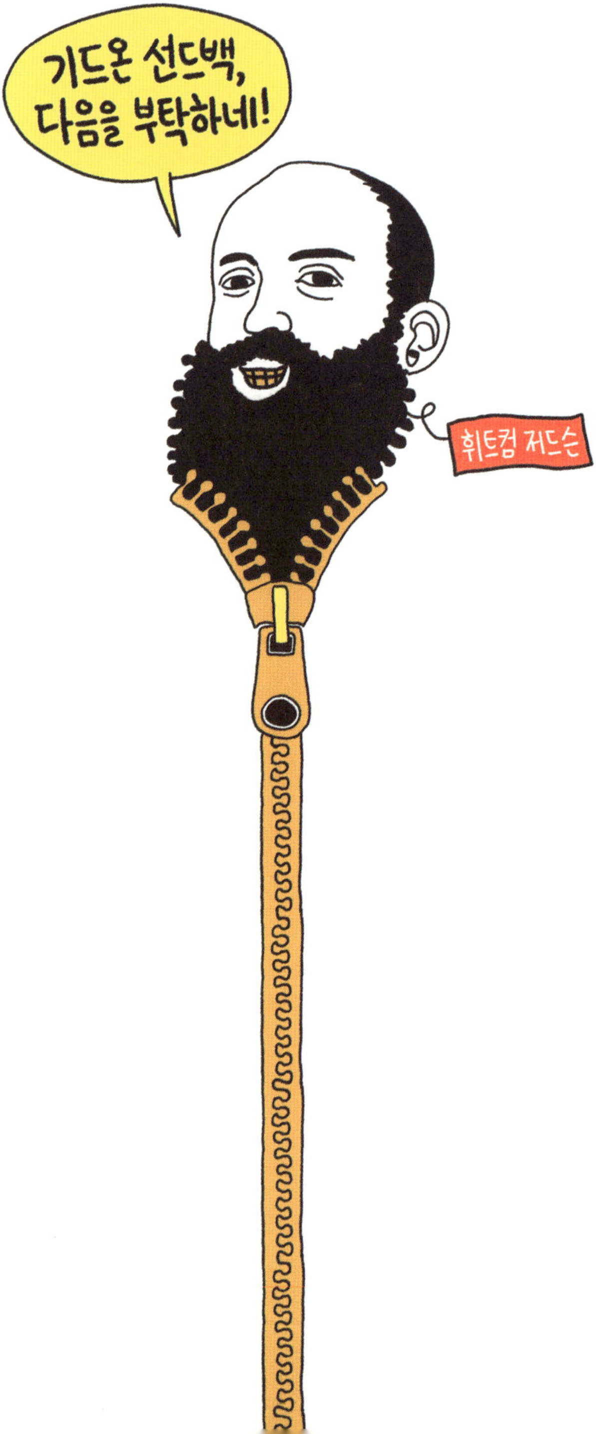
기드온 선드백,
다음을 부탁하네!
휘트컴 저드슨

45 지퍼

뚱뚱한 몸 때문에 발명된 지퍼

　19세기 후반, 미국 시카고에는 휘트컴 저드슨이라는 직공이 있었어. 그는 매일 출근할 때마다 허리를 숙여 신발 끈을 묶었는데, 뚱뚱했던 그에겐 너무나 번거롭고 불편했지. 그래서 아예 회사를 그만두고 연구를 시작했어. 결국 그는 금속 고리가 서로 맞물리는 모양의 잠금장치인 지퍼를 발명했지. 그런데 그의 발명품은 너무 투박해서 상품화가 되지 못했어. 하지만 저드슨은 1893년에 열린 시카고 세계박람회에 지퍼를 선보였지. 이곳에서 워커라는 육군 중령이 지퍼에 관심을 보였고, 그 특허를 사들였어. 워커는 19년이라는 긴 시간을 연구해 지퍼를 자동으로 만드는 기계를 발명했고, 세상에 널리 알리기 위해 노력했지. 하지만 지퍼가 생각만큼 편하지 않았고 고장도 잦아서 많은 사람이 찾지는 않았어. 어쩔 수 없이 워커는 지퍼 만드는 기계를 팔려고 내놓아야 했지.

　1912년, 미국 브루클린에서 양복점을 경영하던 쿤 모스는 지퍼를 구두끈 대신으로 쓰기에는 아깝다고 생각하고 이 기계를 사들였어. 그는 지퍼를 양복에 붙이기도 하고 해군복에도 붙여 군대에 팔았지. 그의 아이디어는 크게 성공했어. 1913년, 스웨덴 출신의 미국 기술자 기드온 선드백이 고리 대신 현재 쓰이는 지퍼처럼 금속 이빨이 서로 맞물리는 형태의 지퍼를 개발했지. 그 후, 지퍼는 옷과 가방, 신발 등에 널리 쓰이게 되었어.

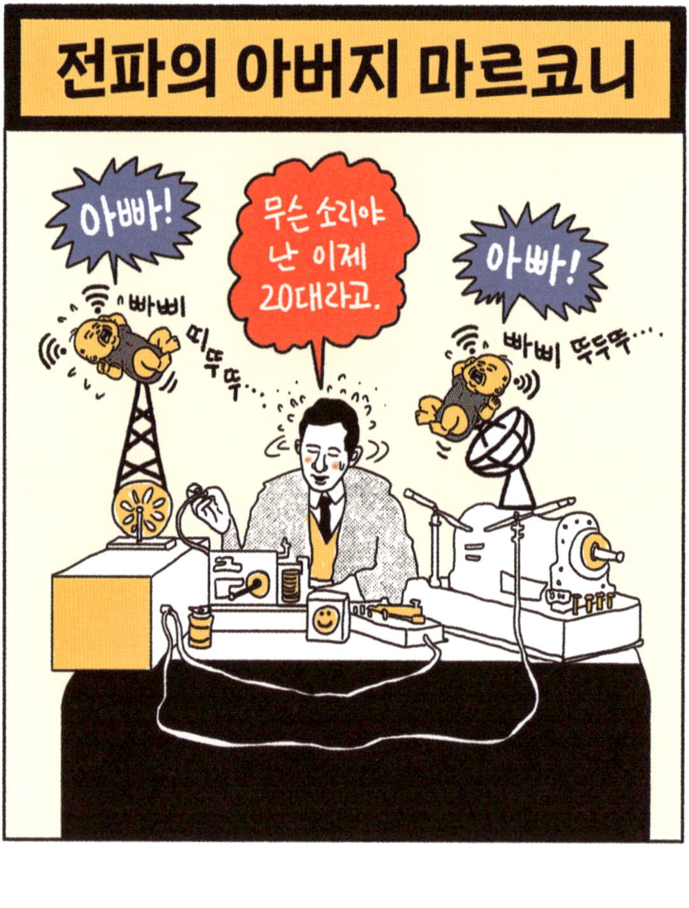
전파의 아버지 마르코니
아빠!
빠삐 띠뚜뚜…
무슨 소리야 난 이제 20대라고.
아빠!
빠삐 뚜두뚜….

46 무선 통신
전파를 이용한 첫 번째 발명

1864년, 영국의 과학자 맥스웰은 전기와 자기가 만들어 내는 파동인 전자기파가 있음을 알아냈어. 20년 후에는 독일의 과학자 하인리히 헤르츠가 실험을 통해 전자기파를 발견했지. 헤르츠는 계속된 실험으로 전자기파가 진동하는 파동으로 빛의 속도로 움직이고 굴절과 반사도 가능하며 세상 어느 곳으로도 뻗어 나갈 수 있음을 알아냈어. 그가 발견한 전자기파는 전자기파 중 파장이 가장 긴 전파였지.

이탈리아의 발명가 마르코니는 이 전파를 이용하여 멀리 떨어진 사람에게 신호를 보내는 무선 통신을 발명하려고 했어. 1894년, 고작 20세였던 그는 이탈리아 볼로냐 근처에서 무선 통신 연구를 시작했지. 그는 수많은 실험을 거쳐 무선 신호를 보내는 송신기와 무선 신호를 받는 수신기를 만들었어. 그리고 1895년에 송신기, 수신기, 커다란 안테나 2개를 이용하여 2.4km 떨어진 곳으로 신호를 보내는 데 성공, 1896년에 세계 최초로 특허를 받았지. 마르코니는 1899년, 영국에서 프랑스로 무선 신호를 보내는 데 성공했어. 1901년에는 대서양 너머 미국에까지 무선 신호를 보내는 데 성공했지. 하지만 마르코니의 발명품은 전신 부호와 같은 전기 신호만을 전달할 수 있었고, 지금의 무선 통신과 같이 소리를 전달할 수는 없었어.

전파로 소리를 전달하다

무선 통신이 발명되자 발명가들은 이를 이용해 소리를 전달하는 방법을 찾기 위해 노력했어. 소리를 전달하기 위해서는 끊임없이 진동하는 전파, 즉 연속적인 전파가 필요했지. 한때 에디슨의 조수로 일했던 캐나다의 발명가 레지널드 페센든은 1901년부터 마이크를 통해 소리를 전기 신호로 바꾼 뒤 연속적인 전파와 결합하는 방법을 연구했어. 결국 그는 그 방법을 찾아냈지. 1906년 12월 24일 크리스마스이브에 그는 마이크에 대고 노래를 부르며 바이올린을 연주했고, 그 소리를 무선 통신을 이용해 내보내는 데 성공했어. 이때 대서양을 항해하던 배들의 통신사들은 모스 부호가 흘러나와야 할 수신기에서 엉뚱한 무선 신호가 흘러나와서 크게 놀랐다고 해.

소리를 전달하는 무선 통신이 원활하려면 소리 신호를 담은 전파를 받아서 우리가 쉽게 들을 수 있는 신호로 바꿔 주는 장치가 필요해. 이 장치는 1904년경, 인도의 과학자 보즈와 미국의 발명가 그린리프 피카드가 만들었어. 이 장치는 광물 결정을 이용하기 때문에 광석 검파기라고 불렸는데, 이것이 바로 최초의 라디오 수신기인 광석 라디오이지. 비슷한 시기에 약한 무선 신호를 증폭시킬 수 있는 진공관이 발명되었어. 1920년 11월, 미국 피츠버그에서 세계 최초로 상업적인 라디오 방송이 시작되었는데, 최초의 방송은 미국 대통령 선거의 개표 결과 중계였지.

48. 비행기

동력 기관을 달고
스스로 날아오르다

과학이 발달하면서 공기가 흐를 때 물체가 위로 뜨려는 힘인 양력의 원리가 밝혀졌어. 영국의 과학자 조지 케일리는 양력을 이용하여 고정된 날개가 공중으로 떠오르는 방법을 알아냈고, 1849년에 최초로 글라이더에 사람을 태워 비행하는 데도 성공했지. 그 전까지는 뜨거운 공기를 이용한 열기구나 수소와 같은 가벼운 기체를 이용한 기구를 이용하는 방법밖에 없었거든. 그래서 그를 비행기의 아버지라고 불러. 그 후, 케일리의 이론에 따라 많은 실험 비행이 있었지만 쉽지 않았지.

1891년, 독일의 오토 릴리엔탈이 자신이 만든 글라이더를 조정하며 비행하는 데 처음으로 성공했어. 글라이더의 비행 성공으로 날개를 이용한 비행이 가능해졌지만, 글라이더는 날아오르는 힘이 없으므로 높은 곳에서 뛰어내려야 했고 긴 시간을 날지 못했지. 발명가들은 글라이더에 프로펠러와 동력 기관을 달아 스스로 날아올라 긴 시간 나는 방법을 연구했어. 처음에는 증기 기관을 단 비행기를 고안했지만 대부분 날지 못하고 점프하는 수준에 그치고 말았지. 그러다가 마침내 미국의 라이트 형제에 의해 최초의 동력 비행기가 발명되었어. 가솔린 엔진이 달린 이 비행기는 1903년 12월, 미국 동부의 키티호크 모래 언덕에서 날아올랐지. 첫 비행에서는 12초 동안 36m밖에 날지 못했지만, 4번째 비행에서는 59초 동안 260m를 나는 데 성공했어.

전파로 영상을 전달하다

소리를 전송하는 라디오가 세상에 나오자 영상을 전송하는 방법을 찾으려는 사람들이 나타났어. 영국의 기술자 존 로지 베어드는 영상을 전송하는 방법과 수신기로 전파를 받아 영상을 보여 주는 방법을 알아냈지. 그리고 영상을 전송하는 장치인 텔레비전을 발명했는데, 그는 이 장치를 텔레바이저로 불렀어. 이 텔레비전은 전기 신호를 영상으로 바꾸는 '닙코프 원판'이라는 장치를 이용하여 만들었는데, 이 원판이 돌아가면서 실루엣 영상을 보여 주는 기계식 구조였어.

1925년 3월, 베어드는 런던 셀프리지 백화점에서 자신이 발명한 텔레비전을 공개했지. 움직이는 실루엣 영상을 전송하여 보여 주는 데 성공했어. 그해 10월에는 복화술사의 인형 영상을 텔레비전으로 송신하는 데 성공했는데, 이번에는 화면에 인형의 머리가 또렷이 보였어. 1926년 1월에는 런던의 실험실에서 과학자와 신문 기자들이 모인 가운데 텔레비전으로 영상을 실시간 송신하는 모습을 보여 주었지. 여전히 흐릿한 영상이지만, 사람의 입이 움직이는 모양을 볼 수 있었어. 1928년에는 런던에서 뉴욕 사이에 장거리 송신에도 성공했지. 하지만 그의 기계식 텔레비전으로는 선명한 화면을 얻는 데 한계가 있었어. 결국 그 후에 다른 발명가가 발명한 전자식 텔레비전에 밀리고 말았지.

50 항생제

우연한 실수로 발견한 최초의 항생제

19세기에 과학의 발달로 건강을 위협하는 세균의 존재가 알려졌어. 과학자들은 우리 몸에 침투한 세균을 없애는 약을 찾기 위해 노력했지. 1909년에 살바르산이 개발되었고, 1927년에는 설파제가 개발되었지만, 모두 실험실에서 만든 화학 물질이었으므로 사람 몸에 해로운 부작용이 많았어. 비슷한 시기에 영국의 외과 의사 알렉산더 플레밍도 세균을 없애는 방법을 찾기 위해 노력하고 있었지. 1928년 9월 어느 날, 플레밍은 종기와 폐렴을 일으키는 세균을 배양해 놓고 휴가를 다녀왔어. 그런데 배양 접시에 뚜껑을 닫는 걸 깜빡 잊었던 거야. 결국 배양 접시는 공기에 노출되어 곰팡이가 피었지. 그런데 배양 접시 안에 푸른곰팡이가 생긴 곳 주변에는 세균이 없다는 걸 발견했어. 푸른곰팡이가 그 세균을 죽였을지도 모른다고 생각한 플레밍은 잘 배양된 그 세균 옆에 푸른곰팡이를 자라게 했지. 며칠 뒤 예상대로 푸른곰팡이가 있는 배양 접시에는 그 세균이 살아남지 못했어.

그는 연구를 계속한 결과 '페니실륨 노타툼'이라는 푸른곰팡이에서 나온 물질 때문에 세균이 죽었다는 사실을 알게 되었지. 그는 이 물질을 '페니실린'이라고 이름 지었는데, 이것이 바로 인류 최초의 항생제야. 항생제는 생물이 만든 물질이므로 인간에게 안전했어. 1941년, 플레밍은 페니실린이 인간에게 해를 끼치지 않고 세균만 죽인다는 것을 확인했지.

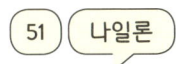

실험 중에 우연히 발명한 합성 섬유

옛날에는 누에에서 뽑은 비단이나 목화에서 뽑은 면, 양털로 만든 모 등과 같이 식물이나 동물에서 얻어지는 섬유를 주로 사용했어. 그런데 과학이 발달하자 석유, 석탄, 천연가스 등을 원료로 이용해 화학 합성으로 만든 합성 섬유가 등장했지.

==최초의 합성 섬유 나일론은 1930년대 초, 미국의 화학 회사 듀폰에서 일하던 화학자 월리스 캐러더스의 연구팀이 실험 중에 발명했어.== 연구팀은 고분자에 관한 연구를 하고 있었지. 어느 날, 그의 연구팀원 중 한 명이 실험하고 남은 찌꺼기를 씻고 있었는데, 잘 씻기지 않자 불을 쬐어 보았어. 그러자 그 찌꺼기가 계속 늘어나면서 실처럼 된 거야. 캐러더스는 이 물질을 이용해 합성 섬유를 만들기로 했지. 결국 그는 석탄과 공기, 물로 만든 섬유인 나일론을 개발했어. 나일론 이전에도 인공으로 만든 섬유는 있었어. 대표적인 것이 레이온인데, 이것은 천연 셀룰로오스로 만들어서 대량으로 만들거나 품질을 높이는 데 한계가 있었지. 듀폰사는 나일론을 상품으로 만들어서 세상에 내놓았어. ==나일론은 가볍고 잘 늘어나며 끊어지지 않는 등 장점이 많은 섬유였지.== 나일론이 처음으로 쓰인 곳은 칫솔모였어. 그 후, 강철보다 강하면서 거미줄보다 가는 기적의 실로 불리며 여성용 스타킹으로 만들어져 큰 인기를 끌었고, 옷이나 로프, 낙하산 등으로 만들어지며 널리 쓰이기 시작했지.

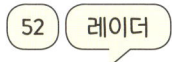

전파로 비행기를 찾아내다

1930년대, 영국 기상연구소의 과학자 로버트 왓슨와트는 정부로부터 전파를 발사하여 비행기를 공격할 수 있는 무기 개발을 연구하라는 과제를 받았어. 왓슨와트는 전파 전문가였지만, 그런 무기를 개발할 능력은 없었지. 고민하던 그는 동료로부터 비행기 방향으로 전파를 쏘면 금속으로 만들어진 비행기 동체가 그 전파를 반사하여 되돌려 보낸다는 사실을 알게 되었고, 그것에 관한 연구를 시작했어. 결국 그는 극소량의 전파라도 아주 먼 거리에 떨어진 비행기 동체에 가 닿으면 그 반사파를 충분히 탐지할 수 있음을 알아냈지. 그리고 비행기의 위치를 탐지할 수 있는 레이더를 발명했어.

1935년 2월, 영국 공군은 비밀리에 왓슨와트가 만든 레이더를 실험했어. 레이더는 아주 먼 거리에서 날고 있는 폭격기를 찾아내는 데 성공했지. 그 후, 제2차 세계 대전이 일어나자 영국은 레이더를 본격적으로 사용했어. 독일군 폭격기들이 영국을 공격하기 위해 도버 해협을 건너려고 할 때, 영국군은 미리 레이더로 독일군 폭격기를 찾아냈지. 그리고 전투기를 띄워 독일군 폭격기를 공격했어. 덕분에 영국은 독일의 공격으로부터 나라를 지킬 수 있었지. 전쟁이 끝난 후에는 레이더는 군사용이 아닌 다른 용도로 더 많이 쓰이기 시작했어. 현재 레이더는 기상 예측, 선박 항해, 지도 제작 등 다양한 분야에서 널리 사용되고 있지.

해충을 획기적으로 없애는 물질의 발명

　역사상 가장 많은 사람의 목숨을 앗아간 감염병이 모기가 퍼뜨리는 말라리아일 정도로 인류는 먼 옛날부터 해충에 시달려 왔어. 해충을 막기 위해 여러 물질을 사용해 왔지만, 효과적으로 막지 못했지. 그러던 중 획기적으로 해충을 없애는 물질이 세상에 나타났어. 1939년, 스위스의 염료 제조 회사 연구원 파울 헤르만 뮐러는 회사에서 옷을 갉아먹는 해충을 막기 위한 살충제를 연구했지. 값싸면서 효과적인 살충제를 개발하려 노력했어. 그가 생각한 효과적인 살충제는 다른 동물이나 식물에게 해를 끼치지 않고, 오랫동안 남아서 효과를 내는 물질이었지. 그는 몇 년 동안 고생한 끝에 새로운 화합물인 DDT를 만들어 냈어. 뮐러는 계속된 실험을 통해 DDT가 자기가 생각했던 살충제임을 알게 되었지. 그런데 DDT는 새로운 물질이 아니고 이미 1874년, 오스트리아 화학자 오트마 자이들러가 염료를 만드는 과정에서 합성한 물질이었어. 당시에는 이 물질이 염료로 가치가 없다고 판단되어 잊혀진 거야. 어쨌든 1942년, DDT가 상품으로 출시되어 널리 쓰였어.

　DDT는 모기, 이, 벼룩 등의 해충을 없애 그들이 퍼뜨리는 각종 감염병을 막는데 놀라운 효과를 냈고, 경이로운 발명품이 되었지. 하지만 DDT는 이로운 곤충도 죽였고, 오랫동안 자연에 남아 사람과 동물에게 나쁜 영향을 준다는 사실이 알려지면서 1970년대 초부터 사용이 금지되었어.

54 헬리콥터
땅에서 수직으로 떠오르다

땅에서 수직으로 날아오르는 헬리콥터의 아이디어를 처음 낸 사람은 15세기 이탈리아의 예술가이자 과학자인 레오나르도 다빈치였어. 그는 나선형 회전 날개를 이용해 땅에서 떠오르는 기계를 설계했거든. 원리는 오늘날 헬리콥터와 비슷하지만, 당시 과학 수준으로는 생각으로만 그칠 수밖에 없었어.

몇 세기 후, 과학이 발달하자 발명가들은 헬리콥터를 만들기 위해 노력했어. 1907년, 프랑스의 기술자 폴 코뉴는 자신이 만든 헬리콥터로 비행을 시도했지. 그 헬리콥터는 엔진의 힘으로 움직이는 2개의 회전 날개를 가졌는데, 겨우 20초간 떠오르는 데 그쳤고 착륙하자마자 부서지고 말았어. 이륙에 필요한 동력을 만들어 내려면 회전 날개가 길어야 하고 회전 속도도 굉장히 빨라야 하는데, 그러면 비행이 불안정해서 쉽게 뒤집히거나 제멋대로 회전할 수 있다는 문제점이 있었던 거야.

그 후에도 많은 발명가가 노력했지만, 오늘날과 같은 구조의 헬리콥터는 1939년, 러시아 출신의 미국 공학자 이고리 시코르스키에 의해 탄생했지. 그의 헬리콥터는 하나의 회전 날개를 사용하는데, 다만 회전 날개가 회전하면서 반대 방향으로 기체가 회전하는 현상을 방지하기 위해 꼬리 부분에 작은 회전 날개를 추가로 달았어. 덕분에 안정적인 비행이 가능했지.

55 컴퓨터

전쟁이 낳은 발명품, 컴퓨터

제2차 세계 대전이 일어나자 영국 정부는 비밀리에 수많은 전문가를 모아 독일군 암호를 풀게 했어. 당시 독일군은 에니그마라는 장치를 이용해 암호를 만들었는데, 그 암호를 푸는 작업은 거의 불가능해 보였지. 이렇게 모인 전문가 중에는 젊은 수학자 앨런 튜링도 있었어. 그는 1936년, 현대 컴퓨터 기본 구조의 밑바탕이 되는 튜링 기계를 소개하는 논문을 발표한 적이 있었지. 1943년 12월, 튜링은 진공관을 이용하여 '콜로서스'라 불리는 암호 해독용 기계를 만들었어. 이 기계를 이용하여 영국은 독일군 암호의 90%를 해독할 수 있었지. 많은 사람이 이 콜로서스를 세계 최초의 컴퓨터로 보고 있어. 하지만 콜로서스는 암호 해독만 할 수 있는 컴퓨터라고 할 수 있지.

한편 1943년 봄, 미국 펜실베이니아 대학교의 교수 모클리와 에커트는 미 육군의 지원을 받아 거대한 계산기를 만들기 시작했어. 육군은 이 계산기를 발사한 포탄의 궤도 계산 등 군사적 목적으로 사용하려 했지. 그런데 '에니악'이라고 불린 이 계산기는 제2차 세계 대전이 끝난 1946년에야 완성되었어. 에니악은 1만 7천 개가 넘는 진공관과 1만 개 이상의 저항기를 사용했고, 무게가 30여 톤이나 나갔으며, 엄청난 전력을 소모했지. 그 후, 에니악은 우주선 연구, 일기 예보 등 다양한 분야에서 이용되었어. 사람들은 에니악을 최초로 프로그래밍이 가능한 현대적 컴퓨터의 기원으로 보고 있어.

56 원자탄
세상의 파괴자를 발명하다

제2차 세계 대전이 한참 때인 1942년, 미국 정부는 과학자들을 모아 맨해튼 계획을 시작했어. 엄청난 파괴력을 지닌 새로운 폭탄을 만들려는 목적이었지. 이 계획에는 미국의 대학, 연구소, 산업체, 군대가 총동원되었고, 막대한 예산이 지원되었어. 이 폭탄은 아인슈타인이 1905년에 발표한 특수 상대성 이론에서 나온 방정식 $E=mc^2$에서 시작되었어. 이 방정식은 에너지(E)가 질량(m) 곱하기 빛 속도의 제곱(c^2)이라는 뜻인데, 질량이 에너지로 바뀌면 엄청난 에너지가 나온다는 거야.

그런데 1938년, 오스트리아 출신의 여성 물리학자 마이트너는 우라늄에 중성자를 충돌시키면 우라늄 원자핵이 분열되면서 질량이 줄어드는 핵분열이 일어난다는 사실을 알아냈어. 이때 줄어든 질량은 아인슈타인의 방정식 $E=mc^2$에 따라 엄청난 에너지로 바뀌게 돼. 엄청난 에너지를 내는 새로운 폭탄을 만들기 위한 이론은 이렇게 완성되었지만, 그 폭탄을 만들기는 너무나 어려운 일이었어. 맨하튼 계획에 참여한 수많은 과학자는 비밀리에 몇 년 동안 이 일에 매달렸지.

결국 1945년 7월 16일, 미국 뉴멕시코에 있는 사막에서 폭발 실험에 성공했어. 원자탄이 발명된 거야. 얼마 후, 원자탄은 일본의 히로시마와 나가사키에 떨어져 20만 명이 넘는 사람들의 목숨을 가져가고 말아.

57 전자레인지

레이더를 만들려다 조리 기구를 발명하다

1945년, 레이더를 주로 생산하는 미국 군수 기업 레이시온에는 퍼시 스펜서라는 공학자가 있었어. 그는 전자기파의 한 종류인 마이크로파를 이용한 레이더를 연구하고 있었지. 그의 연구실에는 마이크로파를 발생시키는 장치인 마그네트론이 있었어. 어느 날, 그는 작동하고 있는 마그네트론 옆에 있다가 주머니 안에 손을 집어넣었어. 그런데 손에 끈적끈적하게 녹은 초콜릿이 묻어났지. ==주머니 안에 넣어 두었던 초콜릿이 갑자기 녹은 거야.== 그는 초콜릿이 녹은 원인을 찾기 위해 생각에 생각을 거듭했어. 그러다 마그네트론이 발생시킨 마이크로파가 범인일지 모른다는 생각을 했지. 그래서 몇 가지 음식 재료를 가지고 와서 실험을 했어. 먼저 마그네트론을 작동시키고, 바로 앞에 옥수수 알갱이를 놓았어. 잠시 후에 옥수수 알갱이가 터지면서 팝콘이 되었지. 다음엔 작동하는 마그네트론 앞에 계란을 놓았는데, 잠시 후에 계란이 터져 버렸어.

==퍼시 스펜서는 마그네트론이 발생시킨 마이크로파가 음식 속 수분의 온도를 올린다는 사실을 알아냈어.== 곧 마그네트론을 이용하여 음식을 데우는 장치를 고안해 내고 특허를 출원했지. 퍼시 스펜서가 몸담고 있던 회사 레이시온사는 퍼시 스펜서의 특허를 사들였고 1947년, 처음으로 전자레인지를 만들어 시장에 내놓았어. 전자레인지가 세상에 탄생한 거야.

58 신용 카드

당황했던 경험 덕분에 발명한 신용 카드

1949년, 미국 뉴욕에서 은행원으로 일하던 프랭크 맥나마라는 한 고급 레스토랑에서 귀한 손님에게 저녁 식사를 대접했어. 손님은 레스토랑의 음식 맛이 좋아 무척 만족스러워했고, 음식을 대접한 맥나마라도 기분이 아주 좋았지. 식사가 끝난 후, 맥나마라는 음식값을 지불하기 위해 계산대로 갔어. 그런데 맥나마라는 당황해서 땀을 뻘뻘 흘리며 양복에 있는 주머니란 주머니를 모두 뒤지기 시작했지. 아침에 양복을 바꿔 입고 나오면서 깜빡 잊고 지갑을 챙기지 못했던 거야. 맥나마라는 아내에게 전화로 도움을 청했고, 아내가 지갑을 가지고 식당으로 달려와서 음식값을 지불했어.

1년 후 어느 날, 맥나마라는 레스토랑에 지갑을 가지고 오지 않아 귀한 손님 앞에서 진땀을 흘렸던 일을 친구인 변호사 랄프 슈나이더에게 이야기했어. 맥나마라의 이야기를 들은 슈나이더는 레스토랑에서 음식을 먹고 음식값을 나중에 낼 수 있다면 정말 편리하겠다는 말을 했지. 이 말에서 아이디어를 얻은 맥나마라는 슈나이더와 함께 회사를 설립하고 레스토랑에서 식사한 뒤 나중에 돈을 낼 수 있는 플라스틱 카드를 만들었어. 카드 이름을 '저녁 식사를 하는 사람들'이란 뜻으로 '다이너스 클럽'이라고 지었어. 이 다이너스 클럽 카드가 바로 세계 최초의 신용 카드야.

59 바코드

모래 위에 그은 선 덕분에 발명한 바코드

마트에서 상품을 계산할 때, 점원이 상품에 있는 검은 줄무늬 기호에 빛이 나오는 판독기를 갖다 대면 컴퓨터에 그 상품의 이름과 무게, 가격 등이 자동으로 입력되는 걸 본 적이 있을 거야. 이 줄무늬 기호를 바코드라고 부르는데, 우리가 사용하는 상품에는 대부분 붙어 있어.

바코드의 발명은 1948년, 미국의 한 식품 체인점 사장이 필라델피아 드렉셀 기술 대학교의 교수에게 계산대에서 자동으로 상품 정보를 알아내는 방법의 연구를 부탁하면서 시작되었어. 그런데 교수는 그 연구에 관심이 전혀 없었지. 대학원생이었던 버나드 실버는 식품 체인점 사장의 부탁을 우연히 듣고, 친구인 노먼 우드랜드와 함께 연구해 보기로 했어.

그러던 어느 날, 우드랜드는 해변에 앉아 아무 생각 없이 모래 위에 손가락으로 선을 긋고 있었지. 그런데 자기가 그은 선을 보자 갑자기 아이디어가 떠올랐어. ==모래 위에 그은 선들과 비슷하게 생긴 여러 개의 막대에 상품 정보를 담는 방법인 바코드를 생각해 낸 거야.== 1952년, 그들은 바코드에 대한 특허를 받았지만, 바코드는 한동안 쓰일 수가 없었어. 바코드를 읽고 정보를 처리하는 장비가 필요했기 때문이야. 결국 20여 년이 지난 1974년이 되어서야 미국 오하이오주의 한 슈퍼마켓에서 바코드가 처음 쓰이기 시작했고, 그 후 바코드는 점점 퍼져서 이제는 세계 어느 곳에서나 쓰이고 있어.

세상을 하나로 연결하는 방법을 발명하다

    1969년, 미국 국방부는 전화선을 이용하여 컴퓨터 간 정보를 공유하는 아르파 넷이라는 시스템을 만들었어. 당시는 세계가 자유 진영과 공산 진영으로 나뉘어 대결하는 냉전 시절이었으므로, 소련의 핵 공격에도 살아남을 수 있는 통신 시스템이 필요했던 거야. ==아르파 넷을 이용하면 정보를 전달하는 경로 하나가 파괴되더라도 다른 경로로 전달할 수 있고, 어떠한 공격에도 모든 정보가 파괴되는 일이 없거든.== 처음에는 대학교 4곳의 컴퓨터가 서로 연결되었는데, 점차 관심이 커지면서 연결되는 컴퓨터의 수가 늘기 시작했지. 1971년에는 처음으로 이메일이 개발되었는데, 이메일이 큰 인기를 끌어 컴퓨터를 가진 많은 대학이나 기관이 아르파 넷에 가입했어. 그러자 미국 국방부는 군사적인 목적으로 사용하려던 아르파 넷을 민간용으로 풀어 버리면서 인터넷이라는 용어가 사용되기 시작했어. 그런데 인터넷으로 연결된 컴퓨터들이 정보를 공유하는 일은 복잡하고 어려운 일이었어.

    1980년, 유럽원자핵공동연구소는 영국의 컴퓨터 과학자 팀 버너스리에게 어떤 시스템 하나를 부탁했어. ==그는 인터넷에서 문자, 그림, 음성 등 방대한 정보의 집합 체계를 세우고 정보를 쉽게 찾을 수 있는 소프트웨어를 만들어 냈어.== 1991년, 처음으로 공개했지. 그러면서 오늘날 전 세계 사람들이 인터넷을 편리하게 이용할 수 있는 www(월드 와이드 웹)이 만들어진 거야.

에필로그

발명과 발견의 역사를 살펴보면, 위대한 발명들은 한 사람의 힘으로 이루어지기보다는 오랜 기간 여러 발명가의 아이디어가 합쳐져 생기는 경우가 많아. 발명가들은 다른 사람의 발명품을 더 좋게 고쳐서 새로운 발명품으로 만들거든. 발명가들에겐 완성이란 없어. 늘 더 편리하고 좋은 게 없나 고민하고 연구하지. 예를 들어 증기 기관은 제임스 와트가 발명했다고 알려졌지만, 사실은 그 이전에 세이버리와 뉴커먼이 만든 증기 기관이 이미 있었어. 제임스 와트는 이 증기 기관의 단점을 보완하여 더 완벽한 증기 기관을 만들었지. 그러면서 제임스 와트가 증기 기관을 발명했다고 알려진 거야. 전구의 발명도 마찬가지야. 전구의 발명가는 에디슨으로 알려졌지만, 그 이전에 이미 전구가 발명되었어. 하지만 이 전구는 부족한 점이 많아서 널리 쓰이지 않았지. 에디슨은 부족한 점을 개선한 새로운 전구를 발명했고, 그렇게 만든 전구가 널리 쓰이면서 에디슨이 전구 발명가로 알려진 거야.

역사 속의 위대한 발명가들은 실패를 두려워하지 않았지. 에디슨은 수명이 긴 전구 필라멘트의 재료를 찾기 위해 무려 1,000개가 넘는 재료로 실험을 했어. 계속 실험이 실패했는데도 그는 조급해하거나 실망하지 않았지. 그는 전구가 안 되는 이치를 1,000가지 발견했을 뿐이라고 생각했어. 위대한 발명가들은 실패할수록 새로운 발명이나 발견에 가까워진다고 생각한 거지.

위대한 발명이나 발견은 생각지 못한 실수나 사고로 우연히 이뤄질 때도 있어. 실패로 보이는 결과물도 그냥 지나치지 않고, 생각과 바라보는 시각을 바꾸면 새로운 발명품으로 다시 태어날 수 있거든. <mark>그래서 위대한 발명가들은 호기심이 많고 엉뚱한 생각을 많이 하지.</mark> 예를 들어 파스퇴르는 실수로 쓸모없게 된 닭 콜레라균을 그냥 버리지 않았어. 대신에 약해진 그 균을 닭에게 감염시키면 어떤 결과가 나올지 호기심을 갖고 실험을 했지. 그러면서 백신이 발명되었어. 플래밍도 실수로 세균 배양 접시 안에 핀 푸른곰팡이를 닦아 내지 않았어. 대신에 푸른곰팡이 주변에 왜 세균이 없는지 호기심을 가졌지. 그러면서 최초의 항생제인 페니실린이 발명된 거야.

역사를 살펴보면, 하나의 발명과 발견은 인류 문명의 발전에 큰 영향을 끼쳤어. 인쇄술의 발명이 유럽의 르네상스 시대를 열리게 한 큰 원인이 되었고, 증기 기관의 발명은 산업 혁명의 원동력이 되었지. 인류의 역사는 발명과 발견을 떼어 놓고 설명할 수가 없는 거야. 그래서 발명과 발견의 역사를 알면 세계사를 좀 더 재미있고 깊이 있게 이해할 수 있어. 또 위대한 발명가들의 실패를 두려워하지 않는 용기와 틀에 박히지 않은 창의적인 생각, 문제를 해결하려는 굳은 의지에서 많은 걸 배울 수 있지. 이 책을 통해 많은 어린이가 발명과 발견의 역사에 숨은 이 같은 지혜와 지식을 마음껏 배우기를 바라.

참고 도서

잭 첼로너 지음, 이사빈 외 옮김, 《죽기 전에 꼭 알아야 할 세상을 바꾼 발명품》, 마로니에북스, 2010

알프리트 슈미츠 지음, 송소민 옮김, 《인류사를 가로지른 스마트한 발명들 50》, 서해문집, 2014

김수경 지음, 《위대한 탄생 발명 발견 이야기》, 채우리, 2015

봄봄 스토리 지음, 《브리태니커 만화 백과: 발명과 발견》, 미래앤아이세움, 2016

유순혜 지음, 《세상이 깜짝 놀란 발명·발견》, 스콜라, 2016

정미금 지음, 《놀라운 우리 아이 창의력을 키워주는 발명 백과》, 글송이, 2017년

데버라 케스퍼트 지음, 김은령 옮김, 《지니어스!》, 상상스쿨, 2017

샬럿 폴츠 존스 지음, 원지인 옮김, 《위대한 발명의 실수투성이 역사》, 보물창고, 2018

한태현 지음, 《발명·발견 꼬리잡기 101》, 북멘토, 2019

루카 노벨리 지음, 이현경 옮김, 《세상을 바꾼 천재들의 100가지 아이디어》, 라임, 2019

빛나 지음, 《레벨업 카카오플렌즈: 발명과 발견》, 대원키즈, 2021

팀 쿡 지음, 윤영 옮김, 《발명의 역사》, 아이위즈, 2021

송성수 지음, 《세상을 바꾼 발명과 혁신》, 북스힐, 2022

티아고 드 모라에스 지음, 신인수 옮김, 《세계 발명 발견 아틀라스》, 사파리, 2023

한 컷이라는 콘셉트의 힘

① 한 컷 쏙 과학사
글 윤상석 | 그림 박정섭 | 감수 정인경

② 한 컷 쏙 수학사
글 윤상석 | 그림 박정섭 | 감수 이창희

③ 한 컷 쏙 한국사
글 윤상석 | 그림 박정섭 | 감수 기경량

④ 한 컷 쏙 세계사
글 윤상석 | 그림 박정섭 | 감수 김경현

⑤ 한 컷 쏙 생활사
글 윤상석 | 그림 박정섭 | 감수 정연식

⑥ 한 컷 쏙 발명·발견사
글 윤상석 | 그림 박정섭 | 감수 이상원

⑦ 한 컷 쏙 경제사 (근간)

⑧ 한 컷 쏙 예술사 (근간)